JN127236

数学スキャンダル

テオニ・パパス著
Theoni Pappas

熊原啓作訳
Keisaku Kumahara

Mathematical Scandals

日本評論社

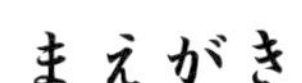

まえがき

多くの人は数学という学問――学校でいえば科目――は味気ない論理だと思っています。数学は難しく，理解しても何の役にも立たないし，数学を考え出す人たちは頭はいいのだろうが，何というか，野暮ったくて変わった人間に違いないと考えています。ところが一般に信じられていることとは逆で，数学は情熱的な学問なのです。説明するのは難しいですが，数学者達は数学の創造に対して，音楽家に作曲させ，画家に描かせる情熱に劣らないくらいの情熱で突き動かされています。数学者も作曲家も芸術家も，誰しも同じような弱点をもっています――愛，憎しみ，耽溺，遺恨，嫉妬，名誉欲，金銭欲 $\cdots$。『数学スキャンダル』は卑猥な暴露本などではなく，数学者は定理や公式に向き合っているだけではないことを描くことによって，読者の皆さんに数学と数学者の人間的側面や弱点に目を向けていただくことを意図しています。

それぞれのスキャンダルは各話の冒頭に場面として紹介されます。これらの歴史場面はフィクションですが，それに続いて歴史的事実に沿った解説がなされます。ほとんどのスキャンダルは，数学者の別の側面を明らかにすることを目指していますが，それらは，その数学者の生涯の中で，些細ではあるが魅力的な部分であることを心に留めておいてください。これらの物語があなたの興味をそそり，ここに登場する数学者たちの研究をもっと知りたいと思ってもらえれば，と願っています。あなたの記憶に驚きと意外性が留まり，あなたがさらなる情報を見つけ出そうとするようになることを誰が知りましょう。

目次

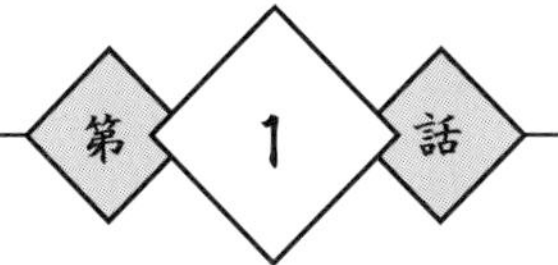

第1話 隠蔽された無理数

「裏切り者を海にたたき込め！」 一同は一斉に叫んだ。

「私は裏切り者なんかではない」 ヒッパソスは反論した。

「おまえはピュタゴラスの誓いを受け入れたではないか。ヒッパソス，おまえはその誓約を破ったのだ」 群れの先導者は言い放った。

「私はあり得ないこと，無理数の存在を証明したのだ。それを秘密にしろというのか。おまえたちは知と真実を覆い隠せと要求しているのだぞ」とヒッパソスは勇気を振り絞って言った。

「我らはそんなものは数ではないと言っているではないか」と先導者は答えた。

「しかし $\sqrt{2}$ は数だ。数の役割はものを量るのではないのか。一辺の長さが 1 の正方形の対角線の長さを与えるのは，この数に他ならないのだぞ」とヒッパソスは主張した。

船上にいるピュタゴラス教団 (学派) の信徒たちは次第に我慢の限界に近づいていた。真実が彼らを狂わせていった。突然彼らは叫びを上げ行動に移った。すべてはあっという間のことであった。誰も暴徒の動きを止めることはできなかった。彼らは隠し得ない事実 $\sqrt{2}=1.414\cdots$ を隠そうとして叫んだ。「こいつを海にたたき込め！」 彼らはヒッパソスを担ぎ上げると海に放り込み，死に至らしめた。

このようにヒッパソスが $\sqrt{2}$ の秘密をあばき，そのことに彼の名を刻んだのは航海中のことであった。船上における信者たちの激怒は抑えられるものではなかった。彼らは「裏切り者」を処罰したのである。

隠蔽事件と言うと，ウォーターゲート事件やイラン・コントラ事件など，列挙される悪名高き事件のように，20 世紀，21 世紀のものとしばしば考えられています。歴史上には他にも多くの例がありますが，誰が数学に隠蔽があったなどと考えるでしょうか？ なぜ新しい数の発見を隠す必要があったのでしょうか？ ヒッパソスの証明まではピュタゴラス教団の人たちは，幾何学的な量はすべて整数とその比によって記述されると信じていました。一辺の長さが 1 である正方形の対角線の長さを表す分数[1)]は誰も知りませんでした

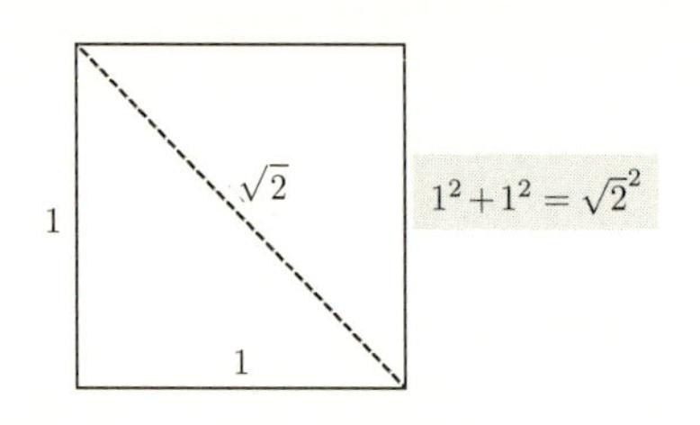

辺の長さが 1 の正方形の対角線の長さは $\sqrt{2}$

1) 整数の比である分数は通約可能と呼ばれた。

が，それはまだ発見されていない整数の比であると信じられていました。ピュタゴラス教団の人々は他の数の存在を受け入れることができませんでした。しかしヒッパソスがこの正方形の対角線を表すことができる数は，整数の比で存在しないことを証明したとき，ピュタゴラス教団に波紋が広がりました。しかし，騒ぎは抑えられました。実際，$\sqrt{2}$ のようなものは数ではないと主張したのでした。

機密の保持と神秘主義がピュタゴラス教団 (学派) を覆っていました。他の教団・学派と異なり，ピュタゴラス教団には従わなければならない戒律がたくさんありました。団員は秘密を守るよう誓わされました。発見されたアイデアは発見者に属すのではなく，ピュタゴラスのものとされました。彼らの信念や発見を，彼ら自身が記録することは禁止されていました。

数学は彼らの生活に非常に特別な役割を演じていました。それは全信仰を詰め込んだ命の哲学でした。彼らの戒告は「すべては数」でした。彼らにとって宇宙の本質は数，特に正の整数とその比 (分数) でした。ピュタゴラス教団では人々に関することから音楽まで

整数と音階について研究するピュタゴラス

ピュタゴラス

(切手：サンマリノ，1983) 平成 31 年 1 月 31 日 郵模第 2794 号

あらゆることを記述するために整数と分数を用いました。どんな正整数も 1 を有限個加えたものであるがゆえに，1 はすべての数の聖なる創造主でした。最初の偶数である 2 は一つの女性数と考えられ，意見の分かれと結びつけられました。最初の男性数は 3 であり，1 と 2 の結合であるために調和と繋げられました。4 は正義を表しました。5 は 2 と 3 を合わせたものであるので，結婚と結びつけられました。さらに数に友愛，完全，過剰，ナルシストなどの名前を結びつけました[2)]。

彼らは整数がすべてを支配していると考えました。ピュタゴラス教団では存在するすべての他のタイプの数は整数の比として表され

[2)] 訳注：正整数 n のすべての (正の) 約数の和を $S(n)$ とする。たとえば $S(6) = 1+2+3+6 = 12$ である。n は $S(n) = 2n$ となるとき**完全数**，$S(n) > 2n$ となるとき**過剰数** (または**豊数**)，$S(n) < 2n$ となるとき**不足数** (または**輸数**) と呼ばれる。6 や 28 は完全数である。相異なる二つの正整数の組 (m, n) は $S(m) - m = n$ と $S(n) - n = m$ が共に成り立つとき**友愛数** (または**親和数**) と呼ばれる。例えば，$(220, 284)$ は友愛数である。また，n 桁の正整数は各桁の n 乗の和がそれ自身に等しいとき**ナルシスト数**と呼ばれる。例えば $153 = 1^3 + 5^3 + 3^3$ はナルシスト数である。

ると信じられていました。これらの数によって生活はよく整っており，彼らの世界はそれらによって記述されました。《有名なピュタゴラスの定理の証明の登場》——この定理こそピュタゴラスの名前を永遠なものとしたのです。これはすなわち整数の優位性の衰退の始まりなのです。ピュタゴラスの定理とともに整数の支配は崩壊することになりました。

船上のピュタゴラス教団の信者たちが，ヒッパソスが守秘の誓いを破り，すべての数が整数とその比によって表されるものだけではないことを証明したと宣言したことを知ったとき，彼らの敵意が表面化したと想像してください。ヒッパソスが $\sqrt{2}$ が有理数ではない[3)]ことを発見し証明したことについての彼の思いを想像してください。$\sqrt{2}$ はまだピュタゴラス教団の教義の中で構成され認められた数としては表示することはできないが，特別な線分 (正方形の対角線) の長さであることは分かったと想像してください。弟子の一人がその考えをピュタゴラスに伝えたときの彼の表情を想像してください。これに対する反応は「あり得ないことだ！」,「これを外部に漏らしてはならない！」であったに違いありません。彼らの守秘の誓いはこれを封印することができたでしょうか。隠蔽はいつまで続いたでしょうか。これほど重要な発見が暴露されないということ

---

3) 有理数ではない数は無理数と呼ばれ通約不能数として知られていた。それはギリシャでは表現不能を意味するアロゴス ($\alpha\lambda o\gamma o\varsigma$) あるいは比をもたないを意味するアッリトス ($\alpha\rho\rho\eta\tau o\varsigma$) と呼ばれた。これらの通約不能数を扱うことはかなり問題であった。というのはそれらがはっきりとは定義されていなかったからである。ギリシャ人はそれらを数の用語としてではなく，幾何学用語としてのサイズ (大きさ) と考えた。ピュタゴラスの定理自身は直角三角形の三辺を用いた正方形を作ることによって幾何学的に述べることができるが，この定理を用いて多くの大きさを正確に求めることはできなかった。一方，バビロニア人は無理数の (60 進法による) 小数近似を導いているがそれらはあくまで近似であって正確な値は表し得ないということには考えが及ばなかった。

が，どうしてできるでしょうか？　ピュタゴラスの定理が世界の多くの場所で何世紀も前から知られていた[4)]ことを考えれば，おそらく非ピュタゴラス教徒の一人が偶然それを知ることになったのでしょう。

この物語には多くの異説があります。しかしどの説にも共通なのは，紀元前 5 世紀にメタポンティオンのヒッパソスが無理数の存在を証明したことと，彼がピュタゴラス教団から排除されたことです。ある説は，《彼は海に投げ込まれて死んだ》といいます。また別の説には，《彼は教団を追放され，教団は彼の『死』を刻んだあざけりの墓石を建てた》とあります。

ピュタゴラス教団の誓いはヒッパソス排除の真の手段と理由を

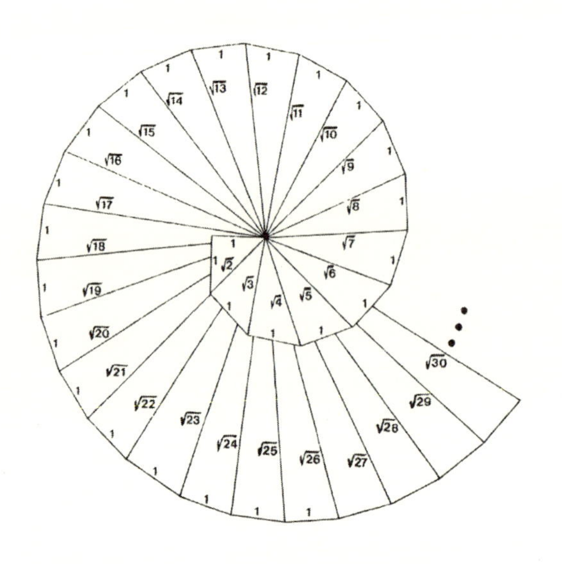

ピュタゴラスの定理を利用して無理数を作る

---

4) 訳注：ピュタゴラスの定理 (三平方の定理) の内容はピュタゴラスより 1000 年以前には知られていたと言われている。

知ることを不可能にしています。ここにいくつかの可能性を挙げます。

彼が処罰され排除された理由は：

- 彼は無理数 $\sqrt{2}$ の発見を漏らし守秘と業績の個人不帰属の誓いを破った。
- 彼はピュタゴラス教団の保守的秘密主義的支配に反対する運動の手先であった。
- 彼はある種の幾何学図形，すなわち正五角形と正十二面体，あるはそのいずれかの発見の秘密を暴いた。
- 彼はこの秘密教団に対する数々の違反に加えて $\sqrt{2}$ を暴露した。

第 2 話

エイダ・バイロン・ラブレスの耽溺

エイダは声を高めた。「駄目よ！　ジョン」「ウィリアムに私たちのこと絶対言わないで。彼を傷つけたくないの」

「僕はどうすれば？　僕たちの博打の借金をどうしたらいいんだ？」

「それは私の生命保険でなんとかなるわ。夫は何回も私の借金を払ってくれたわ。母は私が密かに質入れしたラヴレス家のダイヤモンドを引き出すために質屋にお金を払ってくれたわ。今ではウィリアムはあなたが独身ではなく家族持ちであることは知っているけれど，彼には私たちの関係を知られてはならないの。お願いよ」と彼女は懇願した。「あなたはわたしがもっている何が欲しいの？」

「ラヴレス家のダイヤモンドだよ。それがあればもう一度質に入れられる」と彼は答えた。

「何でこんな男に関わってしまったんだろう？」　エイダは自分ながら不思議に思った。「自分の結婚生活を全く味気ないものと考えていた私ってなんて馬鹿だったのかしら？　これは私が望んでいた生活ではないわ。それにどうして自分のギャンブル熱を克服できなかったのかしら？

私たちには秩序があると思っていた。賭博場のほうでは私の地位を自分たちを高めるために利用したのよ。私はグリークとバベッジの忠告に耳を傾けるべきだったわ。けれど私はずっと競馬を愛してきたわ。見るのはとってもスリルがあるの。それにそうよ。賭けると興奮はいよいよ高まるのよ」

彼女はクロスを残して部屋を出て行った。戻ってくると右手をぐっと伸ばして言った。「さあ，ダイヤモンドをおもちなさい。これをもう一度質入れするのよ。けれど口外しては駄目よ」

＊　　＊　　＊

エイダの頭に何年にもわたる人々のこと場所のことが過った。癌が彼女の身体を蝕んでいた。残された時間はあまりなかった。自分のことを順序立てて考えることができたのだろうか。夫には自分を父であるバイロン卿の墓の隣に埋葬してくれるように告げた。またバベッジに自分の遺言執行者となってくれるよう依頼する手紙を書き，自分の不動産，遺品，論文，手紙をどのように処理するかを記した。エイダの死後，彼女の母がエイダからバベッジ宛ての手紙のことを知ったとき，それを認めることを拒否した。しかしバベッジは，エイダの望みが無視されることがないようにするであろうと応じた。「生前にL 夫人から B 氏に与えられました手紙類や論文類については，彼女との間に交わされた何年にもわたる広汎な文通と同様に，それらの多くの部分は彼女の知性の確かな証であり，B 氏は彼が選ぶいかなる方法であろうとそれらを取り扱う自由を有します。L 夫人の親族の B 氏に対する行いは思いやりのないものでした。L 夫人の遺言の手紙は彼に全正当性を与えるものです」[1)]

＊　　＊　　＊

「お母様，この痛みをなんとかしてちょうだい。なぜモルヒネとアヘンを止めたの？」

「愛しい娘，痛みはあなたの魂を浄化してくれるのよ」とバイロン夫人は顔にこわばった笑みを浮かべて言った。

死の床にあるエイダ：彼女の母によるスケッチの再現

今日エイダ・バイロン・ラヴレスは二つのこと，すなわち，バイロン卿の娘であることと最初のコンピュータ・プログラマであることによって知られています。後者について驚くべきことに彼女がプログラムしたコンピュータは当時まだ作られてはいなかったのです。彼女はチャールズ・バベッジの階差機関および解析機関[2)]がどのように機能するかを調べ理解する以外に，自分のプログラムを試

---

1) ドロシー・シュタイン『エイダ：ある人生，ある伝説 (*Ada : A Life and a Legacy*)』(MIT 出版，1985)。

2) 訳注：どちらもバベッジの考案した計算機で，階差機関は差分機関とも呼ばれ多項式計算による数表作製のための機械式計算機であり対数や三角関数を扱えた。解析機関は階差機関をさらに汎用性のあるものにした計算機。

す方法はありませんでした。プログラムをどのように考案したか，彼女の生涯におけるこの出来事は魅惑的です。彼女が生きたのは女性が勉強，特に科学分野の勉強をすることが奨励されない時代でした。数学のような学問は女性の弱い脳を苦しめ，女性の健康を損なうと考えられていました。母であるバイロン夫人は幸いにも，このような世間の考え方に従うことなく好きな学問である数学を楽しみました。このことが結果的にはエイダの数学への関心を強めることになりました[3)]。

バイロン卿 (1788—1824)
(切手：ロシア，1998) 平成 31 年 1 月 31 日　郵模第 2794 号

エイダの家の高い地位によって，彼女には多くの扉が開かれていました。そのためエイダは，多くの才能ある人々と話したり，交流したり，そして彼らから学ぶことができました。その中にはメアリー・フェアファックス・サマヴィル，オーガスタ・ド・モルガン，

[3)] バイロン夫人はエイダの誕生から 3 か月後に，娘をつれてバイロン卿のもとを去った。正式な離婚が成立した後，バイロン卿はロンドンを去った。

チャールズ・バベッジ，チャールズ・ディケンズなどがいました。

エイダは1835年に(11歳年上の)ウィリアム・キングと結婚し[4]，続く4年間に二人の男の子と一人の女の子を産みました。しかし彼女は，育児や母としての役割に満足できませんでした。自分の思想と学びを追求し，空想を追いやり，自分のアイデアを検証したいと思いました。幸いなことに，育児は次第に母と夫が仕切るようになりました。

彼女の数学の才能とフランス語を流暢に使いこなす能力に着目した英国の雑誌《テイラー科学論文集成》は，バベッジのマシンはどう機能し，数表をどう出力するかについてのルイジ・フェデリコ・メナブレアの論文を，彼女に翻訳するように依頼しました。彼女は後にこの《テイラー科学論文集成》のための翻訳記事を「第1作」として引用しています。この論文は《ジュネーヴ普遍叢書》に1842年10月にフランス語で発表されたものでした。バベッジのマシンの裏にある数学原理だけを扱ったメナブレアの論文を理解すると，エイダは彼女自身の情報を覚え書きの形で付け加えることにより，翻訳を強化することにしました。バベッジの階差機関と解析機関の設計とデッサンに取り組んだとき，数学を解析・解読して，マシンの構造と使い方を説明しました。バベッジのマシン(解析機関)はジャカール織機[5]と同じように，しかしもっとずっと進んだパンチカードで操作するようになっていました。彼女は自分の覚え書きに，計算が行われる場所である「工場(演算部)」，結果が貯められる場所である「倉庫(貯蔵部)」，ある問題を解くときのどのカードあるいはカードのセットも任意回繰り返し利用できる「カード・バッキング(補助記憶)」のような解析機関の特徴を指摘して

[4] 彼女の夫は後にラブレス卿となった。

[5] 訳注：フランスのジョゼフ・マリ・ジャカールが1801年に発明したパンチカード方式の織機。

います。忘れないで欲しいのは，エイダはまだ存在していないマシンについて説明しているということです。彼女は，ジャカール織機がパンチカード 330 枚必要なところをバベッジ・マシンは 3 枚のパンチカードだけでどのように仕事をすることができるかということを解説し，また例えば天体表や乱数の生成，複雑な数列の計算のような解かれていない問題をマシンがどのように取り組むかを解説しています。実際，彼女はベルヌーイ数[6]を計算するためのプログラムを，計算の入力と結果の読み取りについてどのように，どこで行うかを説明しながら書きました。特に彼女はプログラムのバグをとるためのマシンをもたないということを理解すると，この仕事には強い感銘を受けます。バベッジさえ考えていなかった考察と想像力による彼女の覚え書きが加わることによって，翻訳は結果的にもとの論文の 3 倍の長さになりました。

エイダを困難に陥れたのは，おそらく確率論の分野の，言い直せ

バベッジ

(切手：イギリス，2010) 平成 31 年 1 月 31 日　郵模第 2794 号

---

[6] 訳注：$x/(e^x-1)$ を x のべき級数に展開したときの x^n の係数 B_n のことで，ジャン (ヨハン)・ベルヌーイの兄ジャック (ヤーコプ) によって導入された。数学のいろいろな分野に登場する。関孝和はベルヌーイより以前にこれを扱っていた。

ばおそらく競馬狂いのせいです。エイダは若いとき乗馬を楽しみ馬が好きでした。競馬のスリルがエイダをギャンブルにのめり込ませたのは明らかです。科学者であるアンドリュー・クロスに彼の息子である数学者のジョン・クロスを紹介されたとき，彼に魅了されました。彼女は「··· 若いクロスは知的な数学者で，私が提案することに何でも意図的に反対して私の脳をうまく働かせてくれます。彼は私の知的で有用な友達のリストに加わるでしょう」[7] やがて二人の関係がプラトニックなものから愛人となるまでに，時間はかかりませんでした。数学への関心を分かち合うことに加えて，二人は共にかなりのギャンブル好き，特に競馬好きであることを発見しました。気楽な娯楽として始めたのかも知れませんが，エイダは虜になっていきました。借りが増えると，エイダは損失を取り戻そうとさらに賭けを続けました。1848 年までエイダはこんな借金状態にいて，親友のワンロンゾフ・グリーク (メアリー・サマヴィルの息子) に，夫に知られることなく借金を整理する助けを頼みました。しかしこのお金も長く続かず，またさらなる借金を重ねたのです。それから彼女は本や音楽にお金を使いすぎて負債を負ってしまったという理由で夫に年手当を増額してくれるように頼みました。当然のことですが自分の賭博のことやクロスの家に入れた家具のことは夫に告げませんでした。夫は彼女の借金を清算してから彼女を休暇に連れて行きました。彼は妻が競馬に溺れていることに気づかず，彼女を一人でドンカスター競馬場に行かせるという間違いを犯しました。そこでまた依存症に戻ったのですが，今度はラブレス卿が彼女の借りを補償するという手紙をもっていました。彼女の借金は急激に増加しました[8]。

---

[7] ドジソン・ウェイド『エイダ・バイロン・ラブレス (*Ada Byron Lovelace*)』(ディリオン出版，1994)。

[8] 1851 年のダービーの当日に 3,200 ポンド失いました。

17 歳のエイダ

時々健康が優れず，その状態はギャンブルに熱中し夢中になっているときでさえ，次第に悪くなっていきました。彼女は賭博師達の仲間に入れられ，彼女の借金をはっきりと補填するために彼らと生命保険契約を結ばなければなりませんでした。彼女はクロスに約束債務書を渡しさえして，さらにもっとやけになり嘘をつくようになりました。密かにラブレスのダイヤモンドを 800 ポンドで質入れし，偽物と置き換えました。彼女はたまたまそのことを母に打ち明け，母親は彼女のためにダイヤを取り戻してあげました。1852 年にラブレスは共通の友人クロスが密かに結婚し家族をもっていることを知り，そのことエイダに告げました。エイダはクロスが二人についての真実をラブレスにばらすのではないかと心配になり，その口を封じるためにラブレス・ダイヤを与えたのでした。1852 年——それは彼女の最後の年になるのですが——彼女の子宮頸管部にできた癌は徐々に大きくなり痛みも強く感じるようになりました。エイダは自分で生活できなくなり，母に彼女の看護と彼女の家族の面倒を託しました。死の数日前，彼女はクロスとのことを母に告白しましたが，彼に密かにバイロン卿の指輪，バイロンの頭髪の入ったロケット,「アテネの乙女」[9]の細密肖像画を与えたことは言いませんでした。それまではモルヒネとアヘンで痛みを和らげることができましたが，最後は痛みは魂を取り戻す助けになるという理由から，母がこれらの薬を止めていました。最後の数日は耐えがたい痛みが続きました。そうして 1852 年にエイダ・バイロン・ラブレスは 36 歳で死にました。彼女の死後，クロスは彼女の生命保険金を要求し，彼女がクロスに宛てて心情を綴った手紙をエイダの家族に買い取らせました。バイロン夫人は自身もエイダの子供達も彼らの

バベッジの有名な計算機の一つ階差機関とチャールズ・バベッジ (1792—1871)

[9] 訳注：バイロンは 22 歳のときアテネで 12 歳の少女テレザ・マクリと出会い恋に落ちた。彼女に捧げたのが叙情詩「アテネの乙女よ，別れる前に」である。

父親であるラブレス卿から離しました。彼女はエイダの賭け事を止めなかったことと，彼女とエイダを不仲にした原因はラブレス卿にあると断じました。さらにラブレスが妻の願いを尊重して彼女を父であるバイロン卿の隣に埋葬したことにも怒りました。

エイダが数学，より詳しくはコンピュータ・プログラミングに対して演じた役割については，一人の研究者が彼女の仕事を発見する 1900 年代中葉まで光があてられませんでした。今日，エイダ・バイロン・ラブレスはコンピュータ・プログラミングへの貢献によって知られています。アメリカ国家規格協会は彼女のプログラミング作品に敬意を表して国家多目的規格として ADA を承認し，それに文書番号 MIL–STD–1815 を付与しました。1815 はエイダの生まれた年です。

第 3 話

暴露されたロピタルの名誉欲

「いいえ，侯爵。それはライプニッツが意図したことではありません」とジャン・ベルヌーイ[1]は説明した。「この定理を証明させてください」 それからライプニッツが最近発表した論文のある見事な主張の解説を続けた[2]。

ド・ロピタル侯爵はライプニッツが展開しつつあった微積分に関心をもつようになったが，数学は趣味として勉強しただけであって，微積分の新しいアイデアを完全に理解する道具も術ももっていなかった。ベルヌーイ兄弟 (ジャンとジャック) がライプニッツのこの新しい数学

---

1) 訳注：フランス語圏で使われる Jean (ジャン) のドイツ語名は Johann (ヨハン) であり，日本語ではヨハン・ベルヌーイが伝統的に使われてきた。Bernoulli のドイツ語読みはベルヌリに近いことからヨハン・ベルヌリが適当と言われ出した。原著では Johann Bernoulli であるが，本話の一方の相手がフランス人ド・ロピタルであるのでジャン・ベルヌーイを採用する。同様の理由で Jacob Bernoulli の本書での表記はジャック・ベルヌーイとする。

2) ゴットフリート・ヴィルヘルム・ライプニッツの微積分を扱った論文は 1684 年と 1686 年に出版された。ライプニッツが最初の論文の出版後の 1985 年にジャック・ベルヌーイとジャン・ベルヌーイの二人との共同研究を始めたことはよく知られている。

を発展させる上で非常に助けになっているということはよく知られていた。この新しいアイデアにはこれらの専門家の誰かに助けてもらう以上の良い方法はないであろう。それで侯爵はジャンに個人教授を頼むことに決めた。とても才能豊かなジャンは侯爵の家庭教師を，収入源と同時に貴族達と友人になる良い機会としてとらえた。

侯爵の領地の城とパリの邸宅で何か月も行われた個人教授のあと，ベルヌーイがスイスのバーゼルに帰ることになった。二人はそれから文通によってアイデアや質問を交換する約束をした。

ジャン・ベルヌーイ (1667—1748)

侯爵は自身の考察と洞察力に富んだジャンの手紙によって研究を進めていくうちに，この数学分野における自分の発見やアイデアは，ライプニッツやジャンのものに比べると取るに足らないものだと悟るようになった。侯爵は自分が結構堪能ではあるが素人数学者でしかないと悟った。時と共に明らかになるはずであるが，ジャンには備わっているある種の想像力と直感力が彼には欠けていた。それでもとても愛しているこの学問に自分の名前を刻みたいと願った。貴族としてではない別の何かで有名になりたかったのである。それで1694年3月17日に次の手紙を書いた。

我が親愛なるジャンへ——

　私たちは二人ともお互いを必要としているように思われます。私はあなたの知的援助を必要とし，あなたは私の財政的援助を受けることが可能です。そこで私は次のような提案をします。

　今年あなたに300リーブルの年俸を差し上げましょう。あなたが研究日誌を送ってくださったら200リーブルをお送りしましょう。これが控えめな額であることは分かっていますので，仕事が順調に行き次第，年俸を増額しましょう。あなたに，すべての時間を私のために使っていただくことを望んでいるわけではなく，質問や問題に取り組むとき数時間を私に割いていただくことをお願いしたいのです。それにあなたが発見されたら，私に教えるとともに，それを他の誰にも知らせないようお願いします。そして私に送っていただくそれについてのノートは公表したくないので，誰にもそのコピーを送らないようにお願いします。

　以上につきましてご承諾の程よろしくお願いいたします。

敬具

M. ド・ロピタル

ジャンは侯爵の手紙を受け取ったとき少しばかり驚いたが，彼は現実的にならなければならなかった。最近結婚したばかりでまだ定職に就いていなかった[3]。短期間だけ，この要求を受けることは確かに彼の助けになりそうだった。

ジャンは，侯爵がおそらくジャンの仕事を彼自身のものだと偽って，多くの人に印象づけようとするだろうと思った。しかしジャンは，侯爵がそれを彼自身の名前で著書に使うとは思ってもみなかった。ロピタルの『無限小解析』は 1696 年にパリで出版された。ベルヌーイとライプニッツの多くのアイデアがロピタルの本に含まれていた。侯爵は巧妙に次のような責任逃れを記していた：「私は彼らの発見を自由に使用しました。そのため，もし彼らが自分たちのものだと主張したいものは何でも素直に返却します」 彼の本は本当によく知られるようになり，特にその中の**ロピタルの定理**[4]と呼ばれることになる 0/0 の表示に対する定理は知られた。――この定理はロピタルの名前を数学史に残した。

ジャン・ベルヌーイは二人の間の合意のために，ロピタルが死ぬまで，この本のどの部分が自身のものであるかを，明らかにして面目を立てることに限界を感じていた。それからもジャンの言葉はロピタルの言葉を背景とする

---

[3] ジャン・ベルヌーイは 1695 年にオランダのフロニンゲン大学の数学教授になった。兄のジャックはしばらくの間バーゼル大学の数学の席を占めていた。ジャックが死んだ 1705 年に，ジャンがその後を継いだ。

[4] ロピタルの定理は，a を特定の値として $x \to a$ となるとき，0 に収束する二つの関数の比を扱う規則についての定理であり，この比の極限値を二つの関数の導関数を用いて求めるものである。

ものになるのである。彼は自分の成果であるという証を，実に 1955 年まで受け取ることはなかったのである！ 今日に至るまでこの定理は**ロピタルの定理**と呼ばれている。

G. F. A. ド・ロピタル侯爵 (1661—1704)

ロピタル[5]とベルヌーイの間の真実の関係は何百年間も知られませんでした。ロピタルの死後ベルヌーイは自分の発見を公にできると考え，1704 年に《アクタ・エルディトラム》に発表しました。しかしそれがロピタルの死の後であったために，なお不透明な問題となるのでした。真実への最初の展開は，ジャン・ベルヌーイの『微分法講義』[6),7)] が 1922 年に発見されたときでした。この講義はベ

---

[5] ギヨウム・フランソワ・アントワーヌ・ド・ロピタル (1661—1701) は数学好きなフランスの貴族であった。ジャン・ベルヌーイ (1667—1748) はスイスのバーゼルの有名な商家の一員であった。兄のジャック (1654—1705) とともに数学，特に微分積分学の分野で多くの優れた貢献をした。ジャンはさらに微積分の力と正しい認識をヨーロッパ大陸に広めた才能ある教師であった。

[6] 彼の積分法の本 (『全集 (*Opera omnia*)』，マルキ＝ミカエリス・ブスケ社，1742 年所収) もまた彼の主張を信じさせるものになる。

[7] 訳注：発見されたのは甥のニコラ (ニコラウス) によって作られた講義録の写しである。

ルヌーイがロピタルの本の出版に先立って 1691 年から 92 年にかけて行ったものでした。両著作を比較するとロピタルがベルヌーイのものから自由に取り出してしていたことが分かります。証拠の最後のものは，1955 年に『ジャン・ベルヌーイ往復書簡集』(O. スピース編集) の出版によって明らかとなりました。書簡集には，ロピタルからベルヌーイへの合意，支払い手続き，ベルヌーイのいくつかの発見に対する独占的な権利について記述してある (口語体に訳して上に示した) 手紙も含まれています。さらに 0/0 の規則を含む，ロピタルの本より前の日付の 1694 年 7 月 22 日付けのベルヌーイからロピタルへの手紙も納められています。

ロピタルの定理

0/0 の形の不定形の極限値

$f(x), g(x)$ は $x=a$ の近くで連続で $x \to a$ のとき $f(x) \to 0, g(x) = 0$，かつ a 以外では微分可能で $g'(x) \neq 0$ とし，$x \to a$ のとき $f'(x)/g'(x)$ の極限値 A が存在すれば，$f(x)/g(x)$ の極限値も存在して A になる。

第4話 一体誰の立体なのか

「これらの五つの立体は火，水，空気，土の 4 元素に宇宙を加えたものを表す数学的方法なのだ」とプラトンは友人に指摘した。「実際，この話題についての私の考えを対話篇『ティマイオス』[1)]に書いている」

友人は「説明してくれたまえ」と促した。

「これらの立体はこの世の元素を見事に記述している。どれも皆，どの側面も同じ大きさと同じ形であり，神秘的ともいえるほどぴったりと一致する有限個の面からなっている。私は 4 元素のそれぞれを立体に割り当てた。火は四面体であり，土は立方体，水は正二十面体，空気は正八面体だ」 プラトンは図を描きながら話した。

「それでは正十二面体は何なのだい？」と友人は尋ねた。

「それはね，ディオクリデス君，宇宙を表すのだよ。その 12 の面は十二宮を表している」

「もちろん僕は知っておくべきだった。聡明な君だか

---

1) ピュタゴラス学派のロクロイ人ティマイオスが実在した人物であるかは確かではないが，プラトンは対話篇『ティマイオス』の中で，ピュタゴラス学派のイデアを代弁させるために彼を使った。

らこの結合の考えに至ったんだね，プラトン君」と友人は褒め称えた。

＊　　＊　　＊

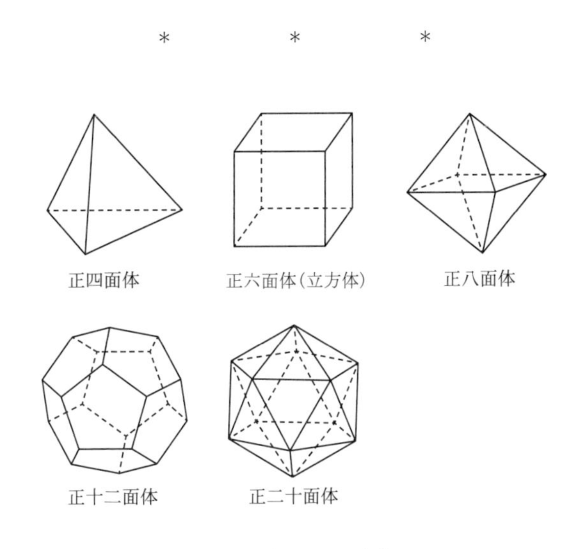

五つのプラトンの立体

プラトンは五つのプラトンの立体のどれも発見しなかったけれど，彼の『テイマイオス』の中にそれらを鮮やかに詳細に記述した。彼が正多面体と自然現象を結びつけたのはこの対話篇においてであった。対話はプラトンの名声の下に何世紀にもわたって影響をもち，正多面体が誤ってプラトンに結びつけられ，その神話が永く続いた。自分たちの業績ではないものを故意に自分たちのものにしようとする他の人たちとは違って，プラトンは他人の業績を意に介さないのが彼流であった。それではプラトンの立体は誰のものだろうか？

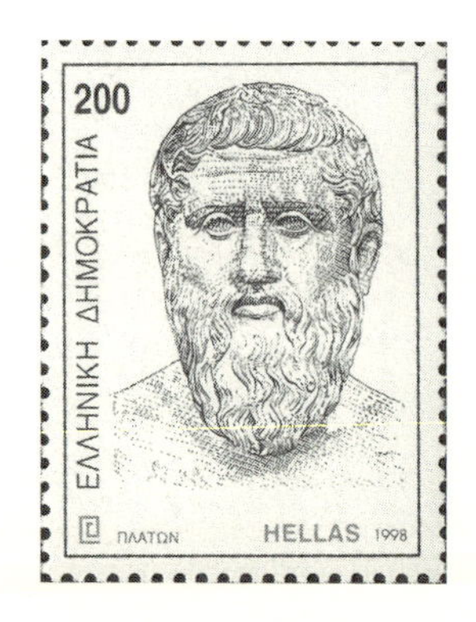

プラトン (紀元前約 428—348)

(切手：ギリシャ, 1998) 平成 31 年 1 月 31 日　郵模第 2794 号

正四面体, 立方体, 正十二面体はピュタゴラス学派によって発見されました。プラトンは紀元前 388 年にアフリカとイタリア半島の, そして特にシチリア島のギリシャ都市を旅をして多くのピュタゴラス学派のアイデアを学びました。他の二つの正多面体である正八面体と正二十面体は数学者テアイテトス[2)]によるものです。さらに, テアイテトスはおそらくエウクレイデスの『原論』に現れる定理——正多面体が五つあり, そして五つしかない——を証明しました[3)]。プラトンはテアイテトスと親しく, 戦いで負傷しそのために死んだ友への献呈として『テアイテトス』と呼ばれる対話篇を書きました。プラトンはこれらの多面体を自分の名前のものにする意図などなく, むしろその讃歌を歌うことを選んだのでした。

---

2) テアイテトスはアッティカの裕福な家庭に生まれ,『原論』に対して五つの立体についての広範な研究と無理数論を含む多くの数学的貢献をした。

3) その証明はエウクレイデスの『原論』第 XIII 巻注釈 1 にある。

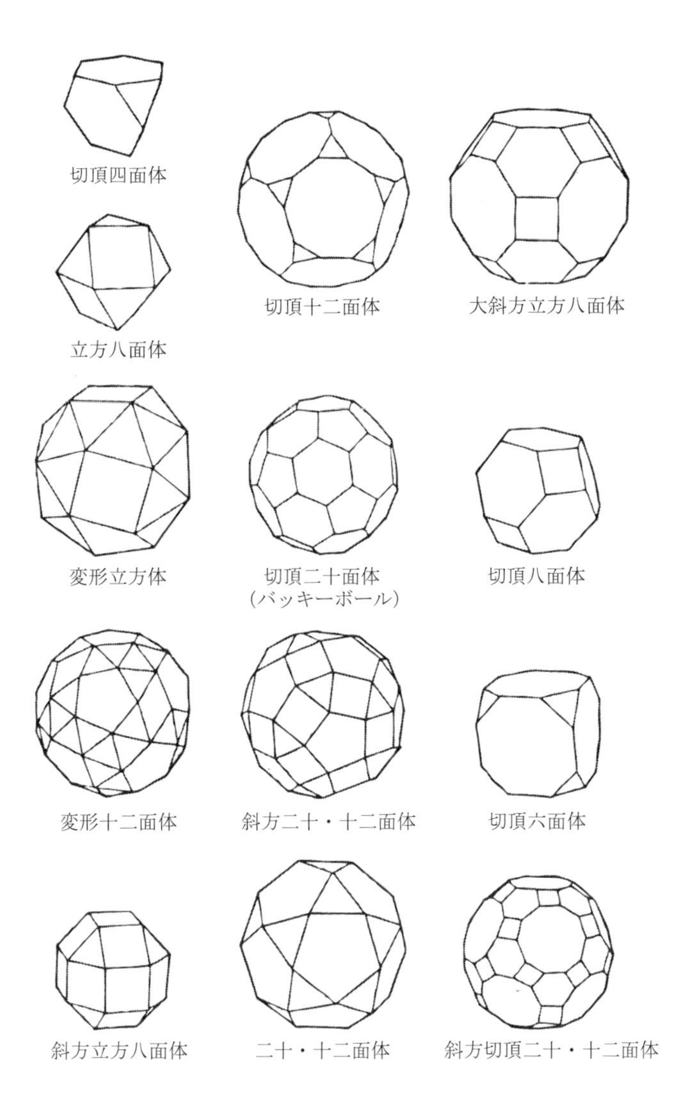

これらの非プラトンの立体はアルキメデスの立体と呼ばれる。五つのプラトンの立体とは異なりこれらのどれも合同でない面をもつ。

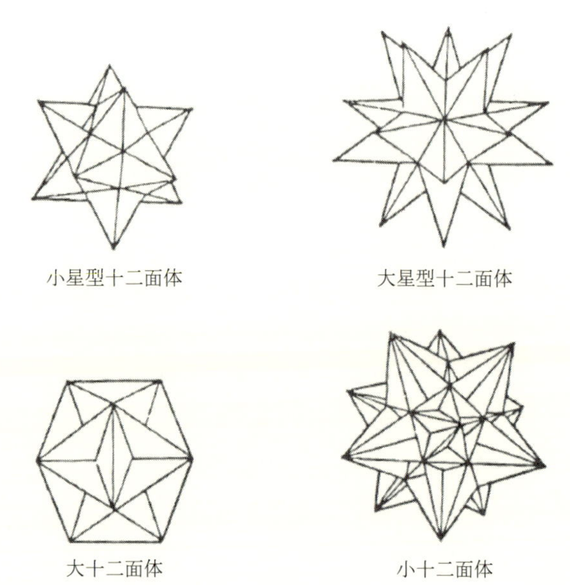

小星型十二面体　大星型十二面体

大十二面体　小十二面体

1619 年にヨハネス・ケプラーによって発見された上の二つと 1809 年にルイ・ポアンソによって発見された下の二つの非プラトンの立体。これらの多面体は凸ではない。

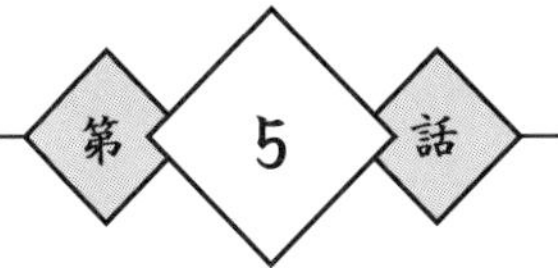

クルト・ゲーデルの被害妄想

「オスカー，僕が請け合うよ。それは問題ではない」とアインシュタインはいかにも自信がありそうに言った。

しかし，電話でゲーデルと話し終わったばかりのモルゲンシュテルン[1]は確信がもてなかった。「アルバート，彼はアメリカ合衆国憲法に独裁政権を可能にするような抜け穴を見つけたと主張したんだ。僕は文書に書かれたものをすべて照合してバランスを考慮すれば，全体的にそうではないと主張したのだけれど･･･。しかし君も知っているように彼の論理は完璧だ。もし彼が抜け穴を見つけたというのなら，本当に見つけたのだろう。それはさておき，僕は彼に，これは君の問題ではないと言ったよ。彼の問題は市民権申請のための面接にパスすることなのだ，と。彼に抜け穴のことに集中しないよう，そしてそれについて考えないで，面接官の単純な質問に答えるだけにするように頼んだよ」

「君は正しいけど，オスカー，クルトには単純なものは

[1] オスカー・モルゲンシュテルンは有名な数理経済学者で，フォン・ノイマンとともにゲーム理論を始めた。

ないし，分かり易いというものもないんだ。彼は一つのの問題のあらゆる側面とつながりを考える。僕らは彼がこの局面に入り込まないようにしなければならない」とアインシュタインは答えた。「面接までは彼の注意をそらさなければならないね」

「とても論理的な人間にとってそうなのだが，彼は時々非常に非現実的になるんだ」とモルゲンシュテルンは付け加えた。「常識はしばしば彼の素晴らしい才能を曇らせる」

*　　　*　　　*

市民権面接 (移民審査) でスターに心を奪われた面接官はゲーデルの証人として名士に出頭してくれるよう招いた。アインシュタインとモルゲンシュテルンは自分たちが面接中に起こるかも知れない問題についても発言できる立場にいると思い喜んだ。

「あなたは今までドイツ市民でした」と面接官はゲーデルに言った。

「いいえ，私はオーストラリア人です」とゲーデルは面接官の言葉を訂正した。

「もちろんそうです」 面接官は答えた。「しかしながら，オーストリアはヒトラーの支配下になっています。幸運なことにこの種のことは合衆国では不可能です」 アインシュタインとモルゲンシュテルンのもっとも恐れていたことがそのコメントで表面化した。面接官はパンドラの箱を開けたのである。

「私はその逆を証明することができます」とゲーデルは拳でテーブルを叩きながら主張した。ゲーデルは激しい議論を始め，そこにいた 3 人には途中で終わらせることは困難であった。多くの努力の末ゲーデルは静かになり，「事情」は解決された。彼のアメリカ市民権は認められた。

*　　　*　　　*

「医者達といったら。あいつらは信用できないよ，アデル」　夕食のときゲーデルは妻に向かってうっかりと口にした。

「ねえあなた，具合悪そうよ。ほとんど食べてないわ」と妻は答えた。

「食べ物に何かがされてないか心配なんだ」とゲーデルは言い返した。

「あなた，私を信じて。怖がらないで。私が全部ここで調理したのよ」　妻は食卓に着くといつでもこうして安心させなければならなかった。

アデルが大きな外科手術を受けなければならず，それから回復のための療養施設に入っているとき，彼の妄想症はさらに悪化した。もうそこには彼に食べるようにあやし，そして食べ物は大丈夫だと請け合いそして促す人はいなかった。

*　　　*　　　*

「これは食べられない」とゲーデルは考えた。「これは汚染されているに違いない。多分，肉屋が金をもらって何かを入れたのだ」

「ミルクに野菜。何も，何もない。何も食べてはいけない。奴らが僕に毒を盛ろうとしている」

彼はいまや気も狂わんばかりであった。妄想症は心，すべての行動，すべての思考を蝕みつつあった。

アデルの留守の間，ゲーデルは何も食べなかった。彼は日に日に弱っていった。1977年12月19日，ついに彼は病院に入院させられた。数週間の入院の間，彼は治療も食事も拒絶した。1978年1月14日，彼は死んだ。

20世紀最高の知性をもった論理学者の一人の生命の扉はこうして閉じられた。彼は本当に自ら餓死を選んだのだ。何が彼の精神的な病につながったのであろうか？日常生活を送ることが彼にとってなぜ難しかったのだろうか？

これらはクルト・ゲーデルを巡る多くの変わった物語のいくつかに過ぎません。ゲーデルは生涯にわたって被害妄想に苦しみました。彼は精神病の際にいる天才でした。彼の妄想症の原因について

クルト・ゲーデル (1906—1978)

左からポアンカレ，ゲーデル，コルモゴロフ

(切手：ポルトガル，2000) 平成 31 年 1 月 31 日　郵模第 2794 号

は想像するしかありません。多分彼の人生の出来事がヒントを与えてくれます。

(モロヴィアのブリュン[2])の少数派市民である) ドイツ語系でルター派クリスチャンの家に 1906 年に生まれたクルト・ゲーデルは，織物工場の作業員をしていたルドルフ・ゲーデルと妻のマリアンヌとの間に，二人の息子のうちの弟として生まれました。ゲーデルの兄は放射線技師となり，ゲーデルはウィーン大学で数学を勉強して 1930 年に博士号を取得しました。1930 年のケーニヒスベルクの研究会議における談話の中で，初めて斬新なアイデアを発表しました。彼のアイデアの力と結果はほとんどの参加者を越えていたようでした[3)]。もし彼らが，ゲーデルが発表したことの結果をつかんでいたら，ケーニヒスベルクの名声は数学によって再び蘇えっていた

[2)] 訳注：モロヴィアは現在のチェコ共和国の東部にある地方。ブリュンは現在のブルーノ。

[3)] 訳注：この会議に出席していたフォン・ノイマンなどは直ちにその重要性を理解したようである。『100 人の数学者』(日本評論社，2017) の「ゲーデル」(佐々木力) 参照。

でしょう[4)]。1931 年の論文「**プリンピキア・マテマティカ** (数学の原理) とそれに関連する体系の形式的決定不可能命題について」はドイツの数学雑誌に掲載されました。この論文で彼の有名な広範にわたる**不完全性定理**を定式化し証明しました。この定理はバートランド・ラッセル，アルフレッド・ノース・ホワイトヘッド，ヒルベルトのような有名な数学者達の仕事の中に，乗り越えることができない障害を置くことになります。実際，「… ゲーデルの定理は人類の思考がかつて考えられていたより複雑であり，機械的なところがより少ないということを示しています。しかし，1930 年代の最初の興奮した動揺の後では，結果は一片の技巧的数学に固定化されて行き … そして数理論理学の学会の所有物になり，そしてこれらの多くの学者達は定理は実世界との関わりで何らかのすべきことがあり得るという，どのような提案も軽蔑していました」[5)] 実際にゲーデルの定理の暗示するものと美しさは広大であり，数学体系への応用だけでなく，コンピュータ・サイエンス，経済学，政治学，そして特に自然科学にも影響を与えます。彼の定理は，一つの公理系から導かれた理論においてはすべての真の命題が証明されるわけではない——我々はすべてを知ることはないし，見つけたすべてを証明できるわけでもない——と言っています。より広い意味でこの思想は私たちの思考や認識や宇宙を広げ，これらが無限のものであることを暗示しています。ゲーデルの**不完全性定理**は明らかで正しいようで

---

4) ケーニヒスベルクは**ケーニヒスベルクの橋問題**へのオイラーによる 1736 年の解によって有名である。彼の解はトポロジー分野の幕開けとなった。

5) ジョージ・ゼブロウスキー『ゲーデル宇宙における人生：完全な地図 (*Life in Gödel's Universe*：*Maps all the way*)』(オムニ社，1992 年 4 月)。オリジナルはルディー・ラッカー『思考の道具箱 (*Mind Tools*)』(ホートン・ミフリン社，1987)。(訳注：邦訳は『思考の道具箱』金子務監訳，大槻有紀子・竹沢攻一・村松俊彦訳，工作舎，1993。)

すが，その美しさはそれが公理 (真であると仮定するもの) ではなく定理 (真であることが証明されるもの) だということです。彼の証明の課題と方法は天才のひらめきでした。証明の中で彼がゲーデル数と呼ぶものを使って記号や論理式を符号化する方法を考案しました。

1929 年に父が死ぬと，母と兄はウィーンに移りました。1933 年にゲーデルはプリンストンの高等研究所に加わるよう誘われました。それでもゲーデルは定期的にオーストリアに帰り，講義をしました。この時期彼は感情の危機にあり，ウィーンで何度も神経衰弱に陥りました。それはゲーデルがナイトクラブのダンサーのアデル・プロケルト・ニンブルスキとの結婚に，父が反対したことによって引き起こされたのでしょうか？　彼の心気症[6]に関係があったのでしょうか？　彼が有名になったことによる周囲の状況を対処することが困難だったのでしょうか？ 日常的に社交的な事柄でもめごとを起こしていました。プリンストンでの第一の親友はアルバート・アインシュタインで，彼のほかに数人の小さい友人の輪をもっていました。多くの人が交際を望んだり申し入れたりしましたが，彼はその輪を拡げようとは思いませんでした。彼は注目を集めることが嫌いでしたし，面と向かって議論することも面倒でした。彼は極端に人を避けました。例えば逢いたくない人物が面会を申し込んできたら，約束をことわらずに面会予約はするが，決して面会に現れませんでした。彼の論理はこうです。約束した場所と時間に二人が行けば相手にぶつかってしまうのでそれを避けるためだ。1938 年に父が反対していたナイトクラブのダンサーであったアデルと結婚し，彼の私生活は好転しました。二人の結婚は彼の死まで

---

[6] 訳注：身体の兆候などから自分はある病気にかかっていると長期間思い込む結果として，著しい苦痛や機能の障害となって現れる精神障害。

続きました。アメリカとオーストリアの間の往復は，1939 年に彼がオーストリアを旅行中にファシストの学生達に襲われ殴られたことにより，突然の中止となりました。さらに彼がオーストリアに着いたとき，彼がユダヤ人自由主義者達と交際していることは知られているという匿名の手紙を受け取りました。これによりゲーデルはすぐにアメリカ合衆国のビザを申請し，すぐに承認されました。プリンストンに帰ると高等研究所の常任研究員となりました。それから 13 年後に数学の正教授になりました。なぜこのような高名な数学者がすぐに昇進しなかったのでしょうか？　彼が教授職の日常業務をこなす ことについて，不確実性があったのでしょうか？　彼は指名されると，非常に真剣に仕事に取り組み，業務を非常にうまく徹底的に処理しました。彼の業績に対する表彰の中に次のようなものがあります：1951 年エール大学名誉博士，1952 年アインシュタイン賞，ハーバード大学名誉博士，1975 年アメリカ国家科学賞。オーストリアからの名誉学位は拒否しました。晩年には特に，数学の哲学研究により注目しました。ゲーデルはプリンストン滞在 36

論理式のすべての ω 無矛盾再帰クラス κ に対し，次のような再帰クラス符号 r が対応するする：(ν を r の自由変数とすると) $\nu\,\mathsf{Gen}\,r$ も，$\mathsf{Neg}(\nu\,\mathsf{Gen}\,r)$ も $\mathsf{Flg}(\kappa)$ に属さない。

ゲーデルの不完全性定理は 1931 年に彼の論文『プリンピキア・マテマティカとそれに関連する体系の形式的決定不可能命題についてI』に発表された。普通の言葉で言えば次のようになる：思考演繹の形式的体系は証明することができない真の命題を少なくとも一つは生成する，すなわちこの体系は不完全である。

年を越えた70歳のとき引退しました。最後の年には自分の成し遂げたもの，そして自分の研究の価値と影響に疑義を挟みました。これが彼を苦しめたものだったのでしょうか？　それは障害がある精神に別の層を加えたのでした。

死後に彼の個人文書が，いくつかの興味深い性癖を明らかにしました。それらの中に他人の仕事への情報，意見，反応を求めた無回答の手紙の箱がありました。そこには決して投函されなかった返事の何度も書き直された原稿がありました。これらは彼自身の必要性を満たすために書かれたのでしょうか？　彼は完全に満足できる返事を作ることが困難なほど完璧主義者だったのでしょうか？　彼の妄想症は，自分の信念を議論したり明らかにすることに対して，決して心地よさを感じない個人思考へと広がったのでしょうか？　彼の豊富なノートの中に，数学的着想の目標についての考えが顕れてます。非常に宗教的な人間であった彼は，神の存在の証明さえ書いています。彼は自分の母に次のように書いています：

> 私たちはもちろん神学的世界像を科学的に確かめるには遠く及びません ··· 私が神学的世界観と呼ぶものは，世界とその中にあるものはすべて意味，それも特によいそして確実な意味と道理をもつという考えです。私たちの世俗的な存在は，その中にせいぜい非常に怪しげな意味をもつに過ぎないので，別の存在が終わるための手段にしかなり得ないということが直ちに従います。世界のものがすべて意味をもつというのは，すべての科学が根拠としているこの世界のものはすべて原因があるということの完全な類似です[7]。

---

[7] ジョン・D. バロー『天空のパイ (*Pi in the Sky*)』(クラレンドン出版，1992)。(訳注：邦訳は『天空のパイ』林大訳，みすず書房，2003。)

彼は日々の平凡な状況に対処することで頭がいっぱいになっていたのでしょうか？　彼は何でもないような面会の約束にさえ困難を感じたのはなぜでしょうか？　彼に限界を越えさせたのは何だったのでしょうか？　彼が自分の敵だと信じたのは誰だったのでしょうか？　彼に毒を盛ろうとしていると彼が信じたのは誰だったのでしょうか？　彼の精神的不安定を悪化させるような身体的変調はあったのしょうか？　ゲーデルの死の理由は謎のままです。

ニュートンのリンゴ

「バートン夫人，私とお会いくださるお許しをいただき，ありがとうございます」　ヴォルテールはアイザック・ニュートン卿の姪キャサリン・バートン[1]に丁寧に挨拶した。

「私の尊敬する叔父アイザックのことをお話しする機会がもてることは私の喜びです」と彼女は答えた。

「あの方はなさるべきことを成し遂げた王のように埋葬されました，バートン夫人。あの方の偉大さや天才ぶりを言葉で述べることはできません」とヴォルテールはつけ加えて言った。

「あなたのそのお言葉は何年にもわたり，私たちに大きな意味をもち続けさせてくれます。叔父は非常に特別な人でした。あの方については素晴らしいことしか言うことがございません。この世に敬愛するお方。私の夫ジョンがなんと言っているかご存じですか？」　バートン夫人は尋ねた。

---

1) 姪のキャサリン・バートンは生涯独身であったニュートンの身の回りの世話をし，ニュートンの最期を看取った。

「実際のところ私は存じません。おっしゃってください」ヴォルテールはそう言って探りを入れた。

「アイザック伯父は自分のすばらしい発明に対して決して見返りを望んだりしなかった。自分の仕事の栄光を他の人たちにもたせることに満足していた。もし友人や郷土の人たちのためでなかったら，あの人の偉大さは気づかれないままだったであろう。伯父はそのような謙虚な人であった」と夫が言った，とほほえみながら彼女は語った[2)]。

「そのことはきっと私の書くものに取り入れます。ところで，何か公表なさってもよい逸話はございませんか？」

若き日のアイザック・ニュートン (1642—1727)

(切手：フランス，1957) 平成 31 年 1 月 31 日　郵模第 2794 号

---

2) ジョン・コンデュイットはキャサリン・バートンの夫であった。彼はニュートンの後を継いで造幣局長官になり，ニュートンの論文の保存を任された。しかし，彼のニュートンが謙虚な性格だという言明は，実証されることができないものである。対照的にニュートンは自分の仕事に非常に防衛的であった。

「リンゴのお話が一番いいわね」と彼女は答えた。
「リンゴの話ですって?」と彼は聞いた。
「そうよ。リンゴがアイザック伯父様の頭に落ちたとき,どのように重力の法則がわかり始めたかということです」
「落ちてきたリンゴがアイザック・ニュートン卿の重力をひらめかせたとおっしゃるのですか?」 ヴォルテールは驚いて尋ねた。
「その通りよ」とバートン夫人は答えた。

神話は人類伝統のものです——それは古代から現代まで何世紀にも及びます。ニュートンのリンゴは,ジョージ・ワシントンの桜の木と同じカテゴリーに属します[3)]。多くの伝記作家の一人であるデイヴィッド・ブリュースター卿は,もともとニュートンの姪キャサリン・バートンによってヴォルテールにもたらされたこの神話を,不滅のものとしました。こうしてニュートンの頭に当たったリンゴが彼の重力の法則の発見を誘発したという伝説が始りました[4)]。ニュートンのファンの一人であったヴォルテールは,ニュートン支持者の一人として書き加えられることができるようになりました。実際,ニュートンとヴォルテールは一度も会っていないにもかかわ

---

3) 訳注:偉人伝を彩る逸話としても,属す樹木の科としても。

4) ニュートンはガリレオの研究に基づいて,方程式 $F = (Gm_1m_2)/d^2$ によって質量のある 2 物体間の力 (引力) を定式化した (万有引力の法則)。ここで G は万有引力定数と呼ばれる定数であり,m_1 が地球の質量,m_2 が月の質量,d が地球の中心から月の中心までの距離とすれば,F は地球と月が引き合う引力である。このように,一方が地球であるときの引力を重力という。ニュートンはこの公式が宇宙のあらゆる 2 物体間に成り立つと宣言した。ニュートンは G の値を推定したが,ヘンリー・カヴェンディッシュの実験により 1798 年に決定された。

ヴォルテール

(切手：フランス，1949) 平成 31 年 1 月 31 日　郵模第 2794 号

らず，今日彼はニュートンのフランス広報係というとらえ方をされています。ヴォルテールはニュートンについてのこのチキン・リトル物語[5)]を拡め長続きをさせた多くの情報発信源の一人です。

ニュートンの知の業績と名声は――彼を神にしかねないほど――神話の域にまで達しています。ヴォルテールが次のように言及しているように，人々はニュートンのものではないものまでニュートンのものとし始めていました：

> もし我々が真空を嫌うということに満足しないとすれば，もし我々が空気が重さをもっていることを知っているとすれば，もし我々が望遠鏡を使うとすれば，それらはすべてニュー

[5)] 訳注：イギリスの寓話で，頭に木の実が落ちてきたのを空が落ちてくると勘違いしたひよこの話であり，転じて悲観論者を指す慣用句としても使われる。

トンによるものと考える人たちがいる。ここでは彼は，無知なものたちが別の英雄の功績まで彼のものにする伝説のヘラクレスである[6]。

大多数の人々はニュートンの仕事を理性的に議論したり理解することはありません。リンゴの話は，人々が容易に理解し関連づけることを可能にしてくれる何かだったのです。完全な説明なしに繰り返される何かだったのです。そしてこのリンゴの作り話はイギリス海峡を渡ったのです。しかしだれもがこれを信じたというのではありません。実際，数学者のカール・フリードリッヒ・ガウスは 1700 年代に次のように言っています：

ニュートンのリンゴを描いた切手の一つ

ニュートンの万有引力の法則

(切手：ニカラグア，1971) 平成 31 年 1 月 31 日　郵模第 2794 号

[6] ジョン・フォヴェル『ニュートン復活 (*Let Newton be !*)』(オックスフォード大学出版，1989)。(訳注：邦訳は『ニュートン復活』平野葉一・鈴木孝典・川尻信夫訳，現代数学社，1996。)

「馬鹿な。愚かでお節介な男がニュートンに重力の法則をどのように発見したかを聞いたんだ。ニュートンは子供の知性しかない男の相手をしなければならないことが分かり，この邪魔者を早く追い出したいと思って，リンゴが落ちて鼻の頭に当たったと答えたんだ。その男は大いに満足して喜んで帰っていったのさ」[7)]

そしてこの作り話は——数学ポップカルチャーの一部として——今日も続いています。ニュートンとリンゴは切っても切れない仲なのです。

---

7) ピーター・L・ベルンシュタイン『神に逆らって (*Against the God*)』(ジョン・ワイリー社, 1996)。

ペテンにかかった数学者[1)]

「しかし君はこの手紙をどこで手に入れたのかね？　素晴らしいものだ」　ミシェル・シャールはヴレン・ドニ・リュカが見せた文書に非常に興奮して尋ねた。

「私は特に古い年代物の文書や書類を見つけようと，広範に研究し，多くの場所を調査し，多くの遠国まで旅をしました。それは趣味と言うより私の一生かけた探求と言ってよいものなのです。しかしどれも手放したくないものばかりなのです」とリュカは答えた。

「リュカ君，君はこの数学についての手紙類をどうしようと言うんだい。私はこの中で特にパスカルとニュートンの間の書簡に関心があるね。ここには大きな問題がある。このことを知らしめるのは私の義務だと思う。君は私が歴史をただすのを助けなければならない。ニュートンは重力理論の信用と名声すべてに値するわけではな

1) 訳注：原著のこの話のタイトルは「数学版《ブルックリン橋》」である。これはアメリカで有名なペテン師ジョージ・パーカー (1860—1936) がニューヨークにあるブルックリン橋をうまく売りつけたという事件があり，この事件をもじって付けたタイトルと思われる。

い。是非君の言う値で買いたい」 シャールはほとんど嘆願するかのようであった。

リュカはちょっとだけためらってから答えた。「あなたがおっしゃってくださったことの中に，私が人類へ何らかの貢献をする一つの方法であるということがあったように思います。私の所有しておりますもの，それらはほんの身勝手な一枚の免罪符に過ぎません。それらは我が家にしまいこんでおくものではなく，歴史家や博物館の館長の手にゆだねるべきものです」

「そう，その通りだ。君はいつもってこられるかい？」シャールは熱心に尋ねた。「心配いらないよ。私はそれをちゃんと扱うからね。それらは最適な持ち主を得ることになるし，それに十分支払うからね。これらは貴重な文書だ。いつ運んでくれるかね？」

「明日です。明日の朝にはおもちします」とリュカは答えた。

＊　　＊　　＊

「全部すばらしい。紙は当時のものだ。フランスはイギリスに誰が最初であったか示すだろう」 それらは驚いたことにそれまでアイザック・ニュートン単独の仕事と考えられていたアイデアにパスカルの寄与を立証するものであった。「他の文書もあるか？」 シャールは熱心に聞いた。

「はい，ほかにたくさんございます。しかしそれらを手放す前に，今しばらく手元に置いておきたく思います」とリュカは言った。

「もちろん，それでいいよ。必要なだけもっていればい

ブレーズ・パスカル (1623—1662)

(切手：フランス，1944) 平成 31 年 1 月 31 日　郵模第 2794 号

いが，その後では必ずここに来ることを忘れないでくれ。ふさわしい代価を払うから安心してくれ」とシャールは保証した。

「私は疑ったりしておりません。完全にあなたを信頼申しあげております」とリュカは答えた。

*　　　*　　　*

「なぜこれらがすばらしいか。パスカルとガリレオの間の手紙だよ」とほとんど信じられないという目でシャールは言った。

「これらが一番重要というわけではありません。この箱の中にはアレキサンダー大王からアリストテレスへ，クレオパトラからジュリアス・シーザーへ，さらにマグダ

アレクサンダー大王
(切手：ギリシャ，1959) 平成 31 年 1 月 31 日 郵模第 2794 号

ラのマリアからラザロ[2)]への手紙まであります」 リュカは書類が入った大きな箱をもち上げて言った。

「それを全部いただこう。全力を挙げて調べ仕分けをしよう」 シャールは箱をリュカから受取り，またフラン札がいっぱい入った封筒を彼に渡した。

「もし他にお入り用のものがございましたら，私に連絡するところはご存じでしょう。それでは」 そう言うとリュカは去って行った。

* * *

シャールがいわゆる古文書の箱を開ければ，そこにはすべてが古風に見えるようにした紙に書かれていること，さらにすべてがフランス語で書かれていることを見たであろうに･･･。

---

2) 訳注：マグダラのマリア (マリア・マグダレナとも)，ラザロともに新約聖書の福音書に登場する人物。

以上が 19 世紀の有名な数学者があるペテン師にどのようにだまされたかの顛末である。

ミシェル・シャール (Michel Chasles, 1793—1880) は 19 世紀のフランスのよく知られた数学者で，幾何学を専門としてかなり有名になった多くの著作を発表しています[3)]。そして 1841 年にエコール・ポリテクニクの教授になり，1846 年にはソルボンヌ大学が彼のために幾何学講座を創設しました。ロンドンの王立協会は 1865 年にコプリ・メダルを授与しました。彼の経歴は申し分のないものです。それも並外れたペテン師ヴレン・ドニ・リュカが彼に近づくまでのことです。リュカはシャールのアキレス腱——愛国心と数学史への関心——を十分に理解していました。リュカはいろいろな時代の日付と人物を調査してから歴史的な興味を引きそうな手紙を偽造するという驚くべき詐欺を仕掛けました。彼は手に入れたかまたは格段と本物に見えるように準備した紙に注意しながら手紙を書きました。少々の文書のことを言っているのではありません。数千です。1861 年から 1870 年までこれらの手紙を入念に作り上げました。彼にとっては確かに儲かる仕事であり，伝えられるところでは 27,000 通用意し，それに対してシャールは 140,000 フラン払ったということです。何がリュカの悪巧みをばらしたのでしょうか。

[3)] 次のような著作がある：幾何学の歴史的発展を書いた『幾何学の起源と方法の発展についての歴史的概観 (*Aperçu histrique sur l'origine et développment des méthodes en géometrie*)』(ゴーチエ・ヴィラール社，1837)，ブリュッセルで出版された『高等幾何学 (*Traité de géométrie supérieure*)』(バシュリエ社，1852)，パリで発行された『円錐曲線論 (*Traité des sections coniques*)』(ゴーチエ・ヴィラール社，1865)。

シャールはブレーズ・パスカルとアイザック・ニュートンとの間に書かれたと伝えられている手紙を，ニュートンは重力の法則の創始者ではないことを証明するために，科学アカデミーに提出しました。そのときシャールの提出した文書にある筆跡はアカデミーが文書館に保存している筆跡と一致しないことが分かったのです。

もしシャールがそれらを，すなわち，アレキサンダー大王，プラトン，クレオパトラ，マグダラのマリアなどの有名な人たちのを手紙を，手に入れたとき，もう少し時間をかけて観察し，そして疑っていれば，きっとそれらがなぜフランス語で書かれ，なぜすべて紙に書かれているか疑問に思ったはずです。

リュカは詐欺罪である期間刑に服しましたが，シャールは一時的にも対面を失い，同僚達の信頼も失うということになりました。特別に論理的訓練を受けた人の自尊心にとって何という一撃であったでしょう。

第 8 話

キリスト教暴徒がヒュパティアを殺害

シュネシオス[1]へ——

あなたのディオファントス問題についての研究にざっと目を通しました。——よくできています。あなたの研究の第 2 部への別のアプローチを提案できるかも知れません。その概略を同封されたあなたの研究に書いておきました。私が提案した第 2 の問題について何ができるかを考えてみなさい。

さて，あなたが警告してくださったことについてですが。私の友よ，気に掛けていただいてありがとう。キュリロス[2]は熱狂的なキリスト教信者であることは知っています。それでも，私の数学，ムーセイオン[3]での私の教師活動，あるいはまた私がクリスチャンになりたくないなどのことで私を害するとは思われません。オレステス[4]も私

1) シュネシオスはヒュパティアの生徒であり，金と権力をもつプトレマイスの司教になりつつあった。

2) キュリロスはコンスタンチノープルの司教である。

3) 訳注：古代ヘレニズム世界における学堂。英語の museum の語源。

4) オレステスはヒュパティアの以前の学生であって，彼女の晩年には友人でありローマのアレキサンドリア長官であった。

をこのままにしておくよう弁護してくれました。あの人はユダヤ人をアレキサンドリアから追放することに集中してきたのですが，今は怒りを主に新プラトン主義者と異教徒にぶつけています。私はこのような不当なことに対して逃げ出すことも黙っていることもできません。あらゆることが私の信じることと反対に進行しています。自分の信念を封じることも変えることもしません。命の危険に逢おうとも，選んだ生き方をしない命に何の価値がありましょう。

十分注意することをお約束します。

――ヒュパティア

＊　＊　＊

ヒュパティア様――

私を信じてください。あなたはキュリロスを過小評価しています。彼は偏見と無知で動かされています。彼はあなたの数学は悪魔であり，いろいろな信仰の人々へのあなたが教師として与える影響が彼の邪魔をしていると思っています。あなたはキリスト教に帰依していません。そのことが彼と彼の追随者達を危機に追いやるのでしょう。彼の新しい地位，新しい力はますます危険なものになっています。オレステスの警告を心に留めてください。彼はあなたを守り切ることはできないでしょう。私からお願いします。

身を守ってください。

――キュレネのシュネシオス

＊　＊　＊

西暦 415 年 3 月のある暖かい日 …

ヒュパティアは学生達を素晴らしい哲学的議論に巻き込んだあと，アレキサンドリアの通りを大胆に二輪馬車を家へと走らせていた。行く手の正面にあるカエサリウム[5]の前に群衆が集まっていることに気づき，そこは避けるのが一番と決心した。二輪馬車の方向を変える前に二人の男が彼女を引きずり降ろした。

「放しなさい！」と彼女は叫んだ。キリスト教徒からなる暴徒は非常に怒っていた。彼らはヒュパティアに向かって激高していた。扇動者が大声で叫んだ。「こいつがオレステスの心にキュリロスへの敵対心を植え付けたのだ。異端者を殺せ！」[6] 彼らはヒュパティアを教会の中へ引きずり込んだ。彼女の衣類をはぎ取ると，鋭い貝殻で彼女の肉を骨からそぎ取るという乱暴なやり方で彼女を殺した。それから彼女の死体を裂き炎の中に投げ込んだ。

車輪は一周した。被迫害者が迫害者となったのである。

ヒュパティア (370―415) の残酷な死は 5 世紀のキリスト教教会史家ソクラテス・スコラスティコスによって記録されています。彼女は，その悲惨な死によってだけで名を残しているのではありません。歴史上広く認められている最初の女性数学者であり，哲学者

[5] 訳注：クレオパトラがアントニウスを讃えるために建てたと言われる寺院で，アウグストゥス・ローマ皇帝が完成させた。4 世紀後半にキリスト教会となり，キュリロスの本拠地となった。

[6] 反ローマデモが起こった。暴徒は異教徒哲学者，科学教育者，ローマ賛同者に立ち向かった。ヒュパティアはよく知られた人物であり，彼らの意思と力を見せつける完璧なエスケープゴート (生け贄) であった。

なのです。彼女はローマと戦闘的キリスト教徒の間の勢力争いが起こっていた不穏な時代に，アレキサンドリアに生まれました。アレキサンドリアのムセイオンはアレキサンドリア図書館の付属施設で，後には大学として知られることになります。父親のテオンはこのムセイオンで教えていた有名な数学者で天文学者でした。彼はエウクレイデスの『原論』とディオファントスの『算術』についての研究で知られています。時代は女性の教育に好意的ではなく奨励もされない時代でしたが，父親は賢明な人間で，娘の学問に対する才能，意思，欲求を認めて教育を施しました。彼女の知性と美貌について，これまで多くのことが書かれてきました。彼女は父に倣いムセイオンで数学と哲学を教えました。実際に彼女は父と一緒にエウクレイデスとディオファントスの著作について研究しました。彼女は自分を新プラトン主義者で，多神教者，さらにピュタゴラス派の研究の追随者と考えていました[7)]。大学における仕事と関連して，学生達のために数学について多くの解説や本を書きました。彼女の研究はユークリッド幾何学とディオファントスの著作に集中しています。そしてアポロニウスの円錐曲線について大衆向きの本を書きました。さらに伝統的なディオファントスの方程式を解くだけではなく，学生のために新しい解と新しい問題を展開しました。彼女は魅力的な講師であり，その講義は大変人気がありました。機械や応用科学にも関心をもち，アストラーブ (天体間測角器)，湿度計，水準器，蒸留器など多くの道具を発明しました。彼女の著作は，現代にはどれも残ってはいませんが，彼女の事績は，現存している父との共著の本や著作を通して，あるいは生徒の手紙，そしてまた歴史的記述を通して残されています。

[7)] 彼女はピュタゴラスの約 700 年後の人である。

ローマ時代の二輪馬車

(切手：フランス，1963) 平成 31 年 1 月 31 日　郵模第 2794 号

彼女は知識人として，哲学者として政治や宗教そして科学などの議論に参加しています。ヘシキウスは学生として次のように書いています：

> 彼女は哲学者のマントを羽織って町の真ん中を歩きながら，聞きたいと望むすべての人に向かって，プラトンの，アリストテレスの，あるいはほかの哲学者の著作を公然と説いた。治安判事はこの街の問題を処理するとき，最初に彼女に相談した[8)]。

その時代の政治的宗教的な不穏な状況は，確かに彼女の死の原因でした。オレステスは彼女の死をローマに報告した後で調査を要求しました。おそらくは証拠がない，目撃者がいないなどを理由に，調査は一切行われませんでした。何が起こったかは不確かですが，オレステスがきっぱりと辞職し，アレキサンドリアを去ったことははっきりしています。殺人者についての民衆の推測は，キュリロスの教会のパラバラーニ派の修道士たちとニトリアン派の修道士た

[8)] ジョセフ・マッカーベ『ヒュパティア (*Hypatia*)』クリティック (Critic) 43 巻，267–272 (1903)。

ちに向いていました。キュリロスは殺害を命じたのでしょうか。分かりません。

ヒュパティアは自らの価値によって伝説になりました。彼女の死の本質は，その後何年もの間，思想の探求と表現という点において，教育の自由性に深い陰を落としたということです。西暦 415 年以来素晴らしい進歩がなされてきましたが，彼女の死に対して，許せない，理解できないという反響は続いています。

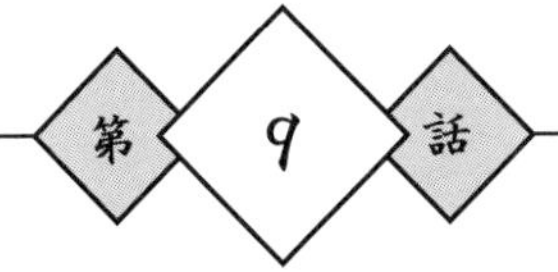

第9話 神経衰弱に陥ったカントール

「あなたもお分かりのようにカントールはずっと遠くへ行ってしまっています。あの狂った考えが彼を壊しているのです」とクロネッカーはワイエルシュトラスに苦笑いしながら話しかけた。

「それには賛成できない」とワイエルシュトラスは遮った。「カントールはとっても真剣な人だ。立派な人です。自分の研究に駆られています。仕事のせいで神経衰弱に陥っているのではない。そうでしょう」

「ばかげています」　クロネッカーは反論した。「それに，彼の研究は数学と呼べるものではありません」

「それこそ私が言おうとしたことだ。あざけりが彼の精神問題の核心なのだ」とワイエルシュトラスは付け加えた。

「いま数学に浮上している狂った考えを見てください。無限をもてあそぶことがあらゆる異常へと導いています。こんな不調和なことは無視することが一番です。一数学者が，化け物である無限数のような数学的観念を，どのように考えることができますか」

ゲオルク・カントール (1845—1918)

「いやそれには同意できないね」 ワイエルシュトラスは強い調子で言った。「君は心を広くもたなければなりません。これらの観念は長年はぐくまれてきたものです。数学が花開くときはいつもこうでした。革新的な考え方を無視したりやり込めたりしてはいけません」

二人の数学者は今まで何度もしてきたように議論を続けた。クロネッカーは間接証明も，後にフラクタル[1]と呼ばれるような数学対象や，超限数，超越数といったものの必要性もその存在さえも認めず，数学への古典的なアプローチを主張した。ワイエルシュトラスは現れてきていた新数学を進んで探求し，支持をしていた。

19 世紀には無限集合論，超限数，非ユークリッド幾何学，フラ

[1] 訳注：フラクタルとは部分と全体が同じ形で自己相似性をもつ図形をいう。相似な図形が無限に続く図形であり海岸線，樹木，雲などの複雑な図形の表示に使われる。

クタルのような並外れた数学概念が現れました。無限を探求することによって伝統的な数学者達は自己満足から振り落とされました。多くの数学者は無限を扱う話題をもち出すことに，さらに考えることにも反対しました。彼らは無限に伴う矛盾や問題を知ると，無限集合を扱う数学をためらいなく無視しました[2]。

カール・ワイエルシュトラス (1815—1897)

19 世紀の最も素晴らしく，創造的で革新的な数学者の一人であるゲオルク・カントールは 1884 年，40 歳のとき最初の神経衰弱に陥りました。衰弱に陥らせるものは危険をはらんだまま残り続けます。その上，彼の仕事と数学能力への非常に陰険で計算された攻撃がレオポルト・クロネッカーによって先導されたことは歴史が証明するところです。クロネッカーはやり手のビジネスマンであり，評判の高いまずまずの数学者でした。彼はベルリン大学で無報酬授業を行い，指導教員のエルンスト・クンマーが引退した 1883 年

[2] 数学者の中ではフェリックス・クライン，アンリ・ポアンカレ，ヘルマン・ワイル，デュ・ボア=レイモン，レオポルト・クロネッカーは超限数の数学に反対した。

に，この大学の教授に指名されました。カントールはヨーロッパのいろいろな優れた数学教室で学び，クロネッカーの授業にも出席したベルリン大学で 1867 年に博士の学位を取得しました。クロネッカーは雇用についても，また雑誌に発表する論文の選定や内容についても大学に絶えず影響力をもっていました。クロネッカーはその重要な地位を，カントールの数学を微妙に攻撃を始めることに，そして他の保守的な数学者達の支援を集めることに利用しました。クロネッカーは，彼自身はあまり目立たないようにしながら，カントールをいかに怒らせるかを知っていたようです。

彼の攻撃はカントールの経歴に深刻な影響を与えました。カントールはベルリン大学に職を得ることができず，より知名度の低いハレ大学に落ち着きました。彼はこの不満を抱えた時期に自分の数学についての公開討論を望んでいました。自分の数学に確信をもって次のように言っています：

> 「私の理論は岩のように不動なものです。これに反対するすべての矢はすぐに射手のもとに帰って行くでしょう。どうして分かるのでしょうか。それは私が何年もの間あらゆる面から研究したからです。それは私が無限数に対してなされてきたあらゆる異議を検証したからです。そして結局は私がその根源，言い換えれば，すべての創造物のまず最初の間違えようのない根拠に従ったからです」[3)]

クロネッカーは公開討論に参加するほど馬鹿ではありませんでした。彼はカントールの論文を自分が編集している雑誌に掲載しないように力を行使しました。カントールは次第に偏執病的になってい

[3)] ジョン・D. バロー『天空のパイ (*Pi in the Sky*)』(クラレンドン出版, 1992)。(訳注：邦訳は『天空のパイ』 林大訳，みすず書房，2003。)

きました。クロネッカーは以前カントールの論文を何編か掲載したことがある学術誌《アクタ・マテマティカ》に，現代の集合や関数の理論の有用性を粉砕するであろう論文を投稿する予定であると書くことまでしました。これを知ってカントールは両雑誌の編集者間には共謀があると思いました[4)]。そして不運なことにもう《アクタ・マテマティカ》には投稿しませんでした。これこそがクロネッカーの狙いだったのです[5)]。

カントールが創造あるいは発見し，多くの数学者達が非難した数学とは，正確には何だったのでしょうか。彼が記述し定義した数は，それまで知られていなかった超限数[6)]です。無限を研究したゼノン，アリストテレス，ガリレオ，ゴットフリート・ライプニッツ (1646—1716)，そして特にベルンハルト・ボルツァーノ (1781—1848) と J. W. R. デデキント (1831—1916) のアイデアから飛び出した無限集合を扱う素晴らしい算術をカントールは作りました[7)]。彼の無限集合論の示すところによれば，整数，自然数，偶数

[4)] 訳注：クロネッカーは通称《クレレ》と呼ばれる学術誌《*Journal für die Reine und Angewandte Mathematik*》の編集をしていた。一方《アクタ・マテマティカ》の編集者はミッタク=レフラーであった。

[5)] クロネッカーはおそらくどんな論文も投稿するつもりはなかったのであろう。

[6)] 訳注：カントールは集合の個数にあたるものを濃度として拡張し，それを表す自然数を拡張したものを基数として定義した。無限基数が超限数である。

[7)] 彼が指摘したように「無限数の不可能性の証明と呼ばれるものはすべて，有限数のもつすべての特性をはじめからその数に付与しているが，しかるに無限数は有限数とは対照的に全く新しいタイプの数でなければならず，そしてこの新しい種類の数の性質はそのものの性質によるのであり研究の対象であって，我々の恣意や先入観とから来るものではない」(G. カントール『超限数論の基礎 (*Contributions to the Foundation of the Theory of Transfinite numbers*)』より)。

の自然数，奇数の自然数，有理数それぞれの全体がなす集合はみな同じ要素の 個数 (濃度)，すなわち超限数アレフ・ゼロ $\aleph_0$ です。彼はさらにすべての無限集合が同じ要素の個数ではない，すなわち要素の個数 (濃度) が異なる無限集合があるということ[8)]と，無限に

$$
\begin{array}{cccccccc}
\{2, & 4, & 6, & 8, & 10, & \ldots, & 2k, & \ldots\} \\
| & | & | & | & | & & | & \\
\{1, & 2, & 3, & 4, & 5, & \ldots, & k, & \ldots\} \\
| & | & | & | & | & & | & \\
\{1, & 3, & 5, & 7, & 9, & \ldots, & 2k-1, & \ldots\}
\end{array}
$$

カントールは集合の元と自然数に巧妙に対応づけることによって，偶数の全体も奇数の全体も自然数の全体と同じ元の個数であることを示した。この 3 つの無限集合はアレフ・ゼロ，$\boldsymbol{\aleph_0}$ と呼ばれる同じ元の個数である。

---

8) 彼はまず二つの無限集合が同じ超限数をもつということを，それらの成分が互いに一対一の対応が付けられることと定義した。彼はそれから例えば偶数の自然数と整数の間にどのように一対一の対応が付けられるかを示した。それゆえにこれら二つの集合は同じ濃度，$\aleph_0$ をもつ。カントールは有理数がいかに自然数と一対一の対応がつけられるかを説明する，したがってそれらが同じ要素の数 $\aleph_0$ をもつのかを説明する巧妙な証明を展開した。カントールはまた間接証明を用いて実数全体のなす集合の要素の数は $\aleph_0$ より大きい超限数であることを示した。さらにカントールは有理数全体と無理数全体の和集合である実数の集合はまた代数的数全体と超越数全体の和集合としても説明されるところまで行った。代数的数の集合の超限数は $\aleph_0$ であることを証明して，超越数の超限数はそれより大きいことが分かった。彼は超限数が無限にあることも説明した。

レオポルト・クロネッカー (1823—1891)

異なる濃度の集合があることを証明しました。彼の研究は多くの伝統的な数学者たちが厳密でもないし信用できないと考えている間接証明をかなり使用したものでした。

伝統的な数学者達は無限級数や実数を自由に使いながら，無限集合を認めたり扱うことを拒否しました。カントールは彼の研究は非常に異論が多いことは理解しましたが，幸いなことに彼には確信があり，その研究を推しすすめ，あざけりに妨げられるということはありませんでした。

無限は何世紀にもわたって数学者を挫折させてきました——。

- ガリレオは無限集合を研究の対象としながら，正の整数全体と平方数全体のいずれが大きいかを決めることはできませんでした。最後に「無限と不可分は我々には本質的に理解しがたいものである」と結論づけています[9)]。

---

9) ガリレオ『新科学対話 (上・下)』(今野武雄・日田節次訳，岩波文庫，1995) より。

- カール・フリードリヒ・ガウスは「数学では決して許されない無限の大きさの使用に反対」[10]。ガウスは無限は比の極限へ応用されうるだけであると思っていました。

クロネッカーは「神は整数を造り給い，他の数はすべて人のなせる業である」と強く主張しました。カール・ワイエルシュトラスは 1885 年のソーニャ・コワレフスカヤへの手紙に「クロネッカーが述べている意見を忠実に再現しています：“… もし時間と能力が

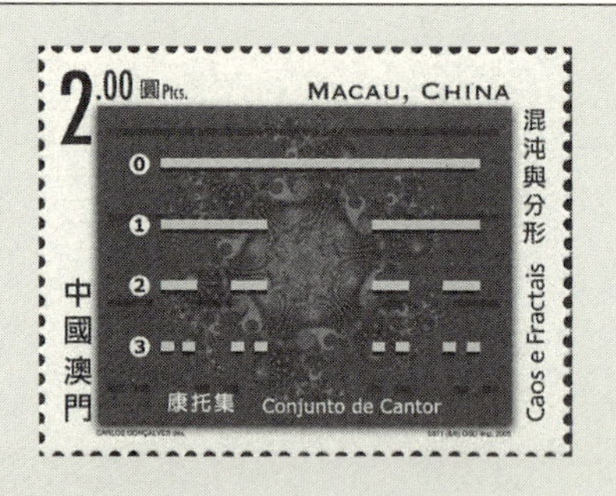

カントールの 3 進集合

(切手：マカオ，2005) 平成 31 年 1 月 31 日　郵模第 2794 号

カントール集合の最初の段階は 1883 年にゲオルク・カントールによって定義された。多くの数学者はこような研究をあざけり，これらを数学の怪物と呼んだ。今日これらはフラクタルと呼ばれ，フラクタル幾何学に属す。

[10] 1831 年 7 月 12 日のシューマッハーの手紙の中で。モリス・クライン『古代から現代までの数学思想 第 3 巻 (*Mathematical Thought from Ancient to Modern Times*)』(オックスフォード大学出版，1972)。

$\aleph_0$　次のそれぞれの集合の元の数——$\{1, 2, 3, 4, 5, \cdots\}$ $\{\cdots, -3, -2, -1, 0, 1, 2, 3, \cdots\}$ {有理数}

$\aleph_1$　次のそれぞれの集合の元の数——{直線上の点} {球内の点} {立方体内の点}

$\aleph_2$　次の集合の元の数——{すべての曲線}

$\aleph_3$, $\aleph_4$, $\aleph_5$, $\cdots$, $\aleph_n$, $\cdots$

カントールの超限数とそれらが測るもの

許されるならば ⋯ 自分でもっと厳密に証明する ⋯ そうすると彼らは現在のいわゆる解析学のもたらした結論はすべて正しくないと認めるであろう” ⋯ 一人の人間が ⋯ 彼自身は正しいと思う判断で発言していることが，自分では思ってもみない他人を傷つけている ⋯ ということを見るのは ⋯ 悲しいことです」[11)]

そして実際にクロネッカーはカントールに対する悪意ある言動を10年以上も続けたのです。1891年のクロネッカーの死後でさえ，彼のカントールの数学に対する非難は多くの数学者に疑惑と懸念を残しました。非難され傷付けられたカントールは30年以上にわたり一連の神経衰弱を患ったのです。幸いなことに発作と発作の間は研究を再開することができました。彼は1918年にハレの精神病院で死にました。彼は生前に何人かの数学者によって，そして1897年のチューリヒにおける国際数学者会議において認められました。ダフィット・ヒルベルトは次のように述べて美しい賛辞を彼に献じました。「カントールの超限数は数学的思考の最も驚くべき産物で

[11)] ジョン・D. バロー『天空のパイ (*Pi in the Sky*)』(クラレンドン出版，1992)。(訳注：邦訳は『天空のパイ』 林大訳，みすず書房，2003。)

あり，純粋知性の領域における人間活動の最も美しい達成の一つでありますㆍㆍㆍ。カントールが創った天国から何びとも私たちを排除することはできないでしょう」[12)]

---

12) 学術誌《アクタ・マテマティカ》に発表された論文「無限について」より。

第10話

狂気のふりをした数学者

「毎年決まってナイル河は氾濫します。利点もありますが，水をコントロールすることはできません。これは本当でしょうか?」 イブン・ハイサムはパーティで皆に問いただした。

「イブン・ハイサム，君は同じようなことばかり言ってるな」とひとりのお偉いさんに見える男が応えた。

「いや，私が言いたいことはですね，いままであなた方の誰も聞いたことがない，あなた方の誰もかつて夢にも見たことさえないことなのです」

この家の主人が強い口調で「芝居じみた言い方は十分だよ。君の発見を言いたまえ」と言った。

「私はある機械を作ることができます。その機械はナイル河の洪水を調整することができるものです」とイブン・ハイサムは得意げに言った。

「そんな馬鹿な」と主人は大声を上げた。

「君は言い過ぎだよ」とお偉いさんは言った。

「本当です」 イブン・ハイサムは言い張った。「私は実際それを作ることができます」

そのときイブン・ハイサムは彼のばかげた主張をしたことが原因で自分が自宅軟禁の囚人になるなどとは少しも知らなかった。それが何年も自由を失うことに値する決定的な誤りを犯した。彼はすべての事実を分析することなく問題を解決しようとしたのだ。

イブン・ハイサム

(切手：ヨルダン，1971) 平成31年1月31日　郵模第2794号

イブン・ハイサム[1](965—1039) は今日では光学への貢献によって記憶されています。彼は若いとき遺憾な行動をとったあと，数年間自宅拘束されて過ごしました。イブン・ハイサムはイラクのバスラで生まれ，後にエジプトのカイロに移りました。伝説によれば，エジプトに来てはじめの頃ナイル河の毎年の洪水を目撃して，この河の流れをコントロールする水力システムを考案できたと思ったそうです。彼はナイルの地勢や源流を研究することなく，突飛な主

---

1) イブン・ハイサムは西洋ではアルハゼンとして知られている。本名はアブ=アリ・アルハサン・イブン=アル=ハイサム (Abu'Ali Alhasan ibn-al-Haytham) である。

張をしました。当時，エジプトはファティミド朝のカリフであるアル・ハキムによって支配されていました。アル・ハキムは学者や科学者の研究をまじめに受け取りました。また，カイロに広大な図書館を設立させました。一方では，自分より優位に立たれたり馬鹿にされたりすることが嫌いで，それを犯す人間を躊躇せずに殺しました。彼はイブン・ハイサムの言っていることを耳にして，すぐにイブン・ハイサムに権限を与え，彼をナイルの源流調査の高地探検へと出発させました。イブン・ハイサムは旅を続けるうちに，次第に彼の「計画」は実現不可能であることを悟るようになりました。カイロへ引き返し大きな間違いがあることを認めました。カリフはすぐに彼の任務を解きました。このときイブン・ハイサムは，彼がカリフの後援を利用しているとカリフが思うかも知れないという心配がわき，自分の命が気にかかり始めました。イブン・ハイサムは安

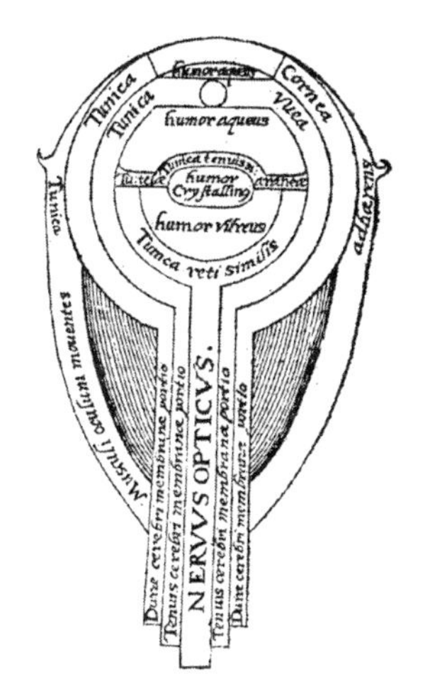

イブン・ハイサムの『光学宝典』の 16 世紀版のイラストによるラテン語解説

イブン・ハイサムの光学

(切手：パキスタン，1969) 平成 31 年 1 月 31 日　郵模第 2794 号

全を保証してくれる選択肢は唯一つ，気が狂っている振りをすることだと悟りました。当時精神異常者は特別に保護されました。気が狂ったかのような行動をしたイブン・ハイサムは自宅監禁されました。彼はハキムが死ぬ 1021 年まで精神異常を装い続けました。

イブン・ハイサムは精神異常の振りをしなくなって，光学におけるある現象を発見しました。光は目から発せられるというギリシャの考えを棄てて解析をし直し，古代の考え，特にプトレマイオスの考えを拡張しました。光線としての光の概念を記述し，磨かれた表面で反射する光の経路の理論を，数学的に展開しました。それだけではなく視神経と脳のつながりについても書きました。目を研究して光はどのように目に入り，レンズの効果でどのように働くのかを突き止めました。レンズの拡大率はそのレンズの表面の曲率にどのようによるのかを調べました。放物面鏡を作製し，ピンホールカメラを作りました。日の出前の薄明や日没後の薄暮の空を観察して大気の厚さを求めようとしました。『光学宝典』は彼の最も重要な論文と考えられています。それは 16 世紀にラテン語に訳されケプラーやデカルトなどの科学者達にとって重要な文献となりました。

第11話

アラン・チューリング スキャンダル

いろんな考えがアランの頭を駆け巡った――僕は刑務所へは行けない。それは研究を止めることを意味する。刑務所での1年間は体力的な試練ということではなく，そこでどのようにして研究を続けられるかということが問題だ。僕の計画は一体どうなってしまうのだろうか。それは精神刑務所だろう。僕の心が束縛されるくらいなら僕の同性愛に対するこの“科学的”治療を認める恥辱を選ぶ方がまだましだ。

チューリングは願望を犠牲にするより1年間身体を犠牲にする方を選んだ。フィリップ・ホールへの1952年4月の手紙に彼の選択と状況について次のように記述している：

「… 私は1年間謹慎処分となり，またこの期間中，器官治療を受けることが義務づけられました。その治療中は性衝動が弱くなり，終わればまた元に戻ると考えられています。それが本当であることを望みます。精神科医達はどんな精神療法にも役に立たないと考えているようです。...」[1]

アラン・チューリングは本質的に人間モルモットになり，同性愛を矯正するための薬の実験台にされた。同性愛のための薬物治療は実験であった。この処方の結果チューリングは不能になり胸が膨らんだ。薬の精神的感情的影響は想像するしかない。そのとき科学者達は効果面は可逆的だと信じていたが，それは確かなことではなかった。次のことはある医学の権威による：

アラン・チューリング
(切手：セントヴィンセント・グレナディーン，2000)
平成 31 年 1 月 31 日　郵模第 2794 号

---

[1] アンドルー・ホッジス『エニグマ アラン・チューリング伝 (*Alan Turing—the Enigma*)』(サイモン・シュスター社，1983)。(訳注：邦訳は『エニグマ アラン・チューリング伝 (上・下)』土屋俊・土屋希和子訳，勁草書房，2015。)

「エストロゲンは中枢神経系への直接薬理学的効果があるかも知れません… ネズミによる実験ではありますが… 学習は性ホルモンに影響されるという可能性は少なくともあります。そしてエストロゲンはこれらの齧歯類に大脳抑制として作用する可能性はあります。同じ影響が人間にあるということはまだ示されていませんし，成績が悪くなるかも知れないれないといういくつかの臨床的な兆候がありますが，どのような結論を得るにしても，もっと研究が必要とされます」[2)]

チューリングは「治療」の年月を耐え抜いた。しかしその代償は？

数学者，計算機理論家，そして第 2 次世界大戦の陰の英雄アラン・チューリングが，もし今日自宅の不法侵入捜査のために警察を呼んだとしても，同性愛の事実はたぶん警察活動に何の意味ももたないでしょう。しかし 1952 年における風潮は彼を被害者というより容疑者にしました。1885 年刑法改正法は男性同性愛は重大わいせつであり，1885 年法 11 条違反であると定めました。

チューリングは自宅からなくなったものを申告するために警察を呼びました。引き続く捜査で一人の超強度同性愛恐怖症の捜査官がチューリングが同性愛であることを疑いました。彼は不法侵入についての質問をしていたのが，チューリングの性行動についての質問で彼を追いつめるほうに変わっていきました。泥棒はチューリング

[2)] 脚注 1) と同文献。

が熱中していた男につながっていることが判明しました。窃盗は突然，警察捜査の焦点ではなくなりました。

第 2 次世界大戦の間，チューリングは極秘のドイツ軍暗号を暗号化と解読をする，いわゆる難攻不落のドイツ製エニグマ機械を打ち破る機械の発明に携わっていました。彼の仕事は戦争の終結を早めることに貢献し，その功績によって大英帝国四等勲士 (OBE) に叙せられました。チューリングは 1945 年に万能チューリング機械と呼ばれる計算機を構想しました。それは命令を与えるのに十分なテープと時間が用意されていれば，あらゆる人類の計算を実行するように適応できる機械です[3)]。それまではコンピュータは計算する人を意味する単語でした。戦後，彼は電子計算のパイオニアとなりました。1954 年にチューリングは電子を用いてチューリング機械の建造が実行可能であるという論文を書きました。それは今ではディジタル・コンピュータと呼ばれています。

チューリングはいつでも不適合気味でした。仲間以外では彼の仕事を理解できる人はあまりいませんでした。彼の仕事の内密性，機密性からそれについて話すことは許されませんでした。彼の仕事を詳しく見れば，彼の生活スタイルは疑われるようなものではなかったし，もしそうだとしてもそれは同僚の認めるところでした。ケンブリッジやマンチェスターの大学ではチューリングは隠れ場所を見つけました。孤立していた彼は明らかに世間の規格からはずれており，誤った安心感をもっていました。彼は純粋そのものの人であり，それを非と認めない同性愛者でした。

世の中は，冷戦とマッカーシー旋風の真っ最中でした。アメリカ合衆国でもその他の国でも政府レベルにおける共産主義者の浸透に

[3)] マックス・ニューマンは 1955 年に次のように指摘している。「今日，数学の基礎の議論において紙テープやそれにパンチされたパターンついて語り始めることが，いかに大胆な革新であったかを理解することは困難である」。

対する偏見と恐怖は頂点にありました。第 2 次世界大戦の間は彼の暗号解読とコンピュータの価値ある研究を奨励し支援した同じ英国政府が，今や彼のもっている知識を恐れているのです。彼が同性愛者であることが，危機管理上の弱点であると見た政府は，最終的に彼への援助を引き上げました。ケンブリッジの有名な数学者で教授のマックス・ニューマンはチューリングの裁判で彼の行動について証言しています。彼は「とりわけ正直で誠実です。彼は研究に完全に没頭しています。そして彼の世代では最も深くそして独創的な数学的精神をもっています」[4]と述べています。彼を家に招待したかと尋ねられたニューマンは，アランをしばしば家に招いており，夫婦とも彼の親友であると答えています。

チューリングが 1954 年に 42 歳で死んだことは同僚，友人，家族に大きな衝撃を与えました。彼が自殺する瀬戸際にいることを示す兆候は何もありませんでした。仮に彼が裁判の不幸な出来事に非常に苦しんだとしても，それは 2 年前のことでした。そして薬品治療は 1 年前に終わっていました。彼はベッドの側に倒れているところを家政婦によって発見されました。検死によれば青酸中毒でした。彼の家から青酸カリと水差しの青酸液が見つかりました。ベッドの側には少しかじったリンゴがありました。何のメモも何の説明もありませんでした。リンゴは調べられませんでしたが，自殺であるとの結論が下されました。感情面から言えば，薬物療法が報復されたのでしょうか？　彼が殺されたのでは？ と囁かれる当てこすりについては，何かがあるのでしょうか？　諜報機関は彼の死を望んでいたとか・・・。

[4] 脚注 1) と同文献。

◉――訳者からひとこと

アラン・チューリングの免罪を求める何回かの請願が行われた。英国貴族院に正式に恩赦法案が提出され，エリザベス 2 世女王の名をもって正式に恩赦が発効したのは 2013 年 12 月 24 日のことであった。当時のキャメロン首相は，彼の業績を称える声明を発表した。

第12話 フーリエは自ら墓穴を掘る

「窓を開けないで！」　フーリエはその部屋に入ったとき友人に向かって大声で叫んだ。

「だってジャン，この部屋は蒸しているだろう。ほとんど息ができないよ。君はどうして我慢できるんだ？　その上，外はこんなに暑いのにどうしてこんなに何枚も重ね着ができるんだ。ああ！　暖炉に火を入れてまでしている。ここでは何が起こってるのだ？」　友人はものが言えないほど驚きながら聞いた。

「知っての通り僕は熱の特質について広範囲にわたる研究をしてきた。そして熱には癒やしの力があることを確信した。暖かさは疲労した骨を楽にしてくれる。僕は今僕の理論を越えようとしているんだ」とフーリエは答えた。

「しかしジャン，これは健康的ではないよ。君の心臓はこの熱に耐えられないよ」

＊　　＊　　＊

フーリエの奇妙な習慣はその後どうなったのでしょうか？

フランス革命時とナポレオン支配下での兵士，エコール・ポリテクニクにおける助講師，熱の特質を解明する数学者あるいは科学者——ジャン・バプティスト・フーリエには多くの肩書きがあります。彼の名声は無意識に犯した多くの誤りに由来する一連の数学アイデアによって確実なものなりました。というのも，それらの誤りがその後 150 年間以上にわたって数学者達を正当化に駆り立てたアイデアや定理の定式化へと彼を導いたのです。これらの「誤り」にもかかわらずフランス科学アカデミーは 1812 年にフーリエの論理上の欠陥が懸念される論文の，正確さに対してではなく，一般的な結論に対して大賞を授与したのです。その結論は他の有名なそして才能ある数学者達も見逃していたものでした[1]。フーリエは熱の理論の背後にある数学を記述したこの論文の中で，**任意の関数**あるいはグラフは三角関数の級数で表されると結論を下しました。今日，フーリエ級数とフーリエ積分は微積分に続く課程で教えられ，数学においても数学の応用においても利用されています。彼の波動に関する研究は結果を得るところまでは行きませんでした。彼の主著『熱の解析的理論』は 1922 年に完成しました[2]。フーリエは物体の 2 点間を熱がどう伝わるかの研究をして彼の理論を定式化しました。熱の特質は長い間フーリエの関心を引きました。彼は熱伝

---

[1] フーリエが三角級数の係数についての公式を展開したとき，彼はレオンハルト・オイラーがすでにそれを展開していたことに気づかなかった。しかし，フーリエとは違ってオイラーは関数の小さいクラスに対してだけ適応できると考えていた。さらに，ダニエル・ベルヌーイがサインとコサインを振動の研究で用いたのと同様に，フーリエはそれらを熱の流れの研究に用いた。同じ問題を研究した数学者にラグランジュとダランベールがいたが，彼らはフーリエが気づいていたことを分かっていなかった。

[2] 訳注：この論文は 1890 年刊行のダルブー編集のフーリエ全集に収められこれが和訳刊行されている：ジョゼフ・フーリエ著，ガストンダルブー編，竹下貞夫訳『熱の解析的理論』(大学教育出版，2005)。

ジャン・バプティスト・フーリエ (1768—1830)
(切手：アルタイ共和国 (ロシア連邦)，2011)
平成 31 年 1 月 31 日　郵模第 2794 号

導の複雑な要因を調べてフーリエの定理に到達しました[3]。この定理はフーリエ級数とフーリエ積分の彼の研究を含む波動数学の発見へと彼を導きました。彼が熱に魅惑されたということが彼の生と死の鍵となる役割を演じました。

彼と数学者のガスパール・モンジュは 1798 年にナポレオンのエジプト遠征に同行しました。そこでエジプト学士院の書記としてナポレオンの交渉や外交問題など，政治的な事柄に巻き込まれていきました。フーリエがエジプトの砂漠や熱さを経験し，熱伝導についての研究に携わり始めたのはこの頃だったのです。高気温の中で熱の癒やしの力を信じ始めました。いくつかの歴史的説明では，彼がエジプトにおいて苦痛を伴う病にかかったがその苦痛は暖めること

[3] フーリエの定理の言うところは，任意の周期振動は同じ周期をもつ単周期波 (単純三角関数) の和として表されるということである。

ガスパール・モンジュ (1746―1818) は解析幾何学の発展に貢献した。

(切手：フランス，1953) 平成31年1月31日　郵模第2794号

によって和らげることができた，と主張しています[4]が，しかし説明はいろいろあります。

1801年にフランスに帰ってからもフーリエは熱の研究を続けました。彼はあまりに熱の力に魅入られ，健康に関することでは，より熱があることがより助けになるとまで感じていたようです。彼はこの信念を極端にまで拡げ，住居を暑く保ち衣類の重ね着をしました。このことが彼の健康状態を悪化させたことは疑いありません。次第に外出が少なくなりました。ある報告は彼は心不全で死んだと言い，別の報告では階段を転げ落ちたことによると言っています。おそらく階段を降りるとき心臓発作に見舞われたのでしょう。彼は転落の12日後に亡くなりました。

[4] ある説明では，彼の状態は甲状腺が寒さを強く感じさせる身体機能を停止させる甲状腺機能不全であるとしている。が，しかし，彼がそういう状態になっていたという証明はない。

ナポレオン・ボナパルト (1769—1821)

(切手：フランス，1951) 平成 31 年 1 月 31 日　郵模第 2794 号

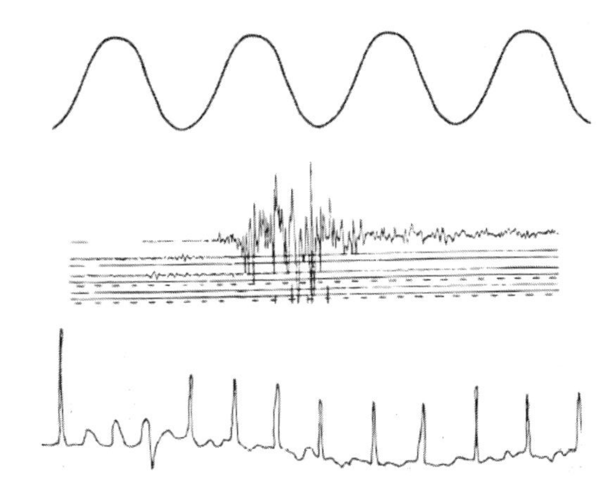

フーリエの遺産——周期的正弦関数は電気インパルス，地震，心臓の鼓動などを記述するために使われてきた——は今日のウェーブレット解析につながる。

今日，フーリエは波動現象の数学解析で有名です。それらは音，光，水，地球 (大地)，その他の波のどれであれでフーリエ級数が応用されます。彼の研究は今なお窓関数を用いた短時間フーリエ変換やウェーブレット変換[5)]のような波動理論における新しいアイデアの発展に対して，足がかりとして活動しています。

◉――訳者からひとこと

ここで作者の言う「誤り (error)」には注意が必要である。当時はまだ関数と言っても現代式の定義もはっきりされておらず，人によって解釈が異なる状態であった。そういう中で「すべての周期関数がその周期をもつ三角関数の級数で表すことができる」という結論には異論が出ても当然であった。無限級数は収束の微妙な問題が絡むがフーリエは概して直感的な解釈により収束問題は重要視していなかった。一方ではコーシーらによる解析学の厳密化が始まろうとしており，検証のできないあるいはされていない収束問題には疑問がもたれた。その意味では「誤り」がすべて間違いというのではなく，今日の立場で言えば「議論不十分」という性格のものも多い。その議論不十分さを正当化しようというのがフーリエ以後の解析学の流れとなった。その中で関数概念の明確化 (ディリクレ)，積分の見直し (リーマン，ルベーグ)，フーリエ級数の収束問題 (ディリクレ，カントール) などが研究された。

[5)] 訳注：フーリエ変換は振動に含まれる周波数情報を与えてくれるが，時間情報は与えない。それを補おうというのが短時間フーリエ変換やウェーブレット変換である。

ガウスの秘密

ある日ガウスはある友人に「アルキメデスともあろう人が位取り法を見いだせなかったことは理解できない」と言った。

「それはきっとやらなければならないことが多すぎて暇がなかったんだよ。きっと計算は退屈だと思ったのさ。それでほかのアイデアに専念したのだろうよ」と友人は答えた。

「しかし，もしアルキメデスがその発見さえしてくれていれば，どれだけ科学が進歩したことだろう」とガウスは強い口調で言った。

「その通りだが，知ることも使うことも必要ないと考えたときもあったかも知れないよ。彼にとっては興味がなかっただけのことだよ。しかしガウス，君もよく言うよ。君は素晴らしい発見もほとんど発表しないじゃないか。君がそれを他の数学者が考察できるようにちょっとだけ出してやれば，軌道を外れずに救われる多くのアイデアのことを，少しは考えてみろよ。君は考えたことを研究日誌に書き留めるけど，その宝物を分かち合うということは滅多にない。なぜ君の成果を秘密にしておくのだ

カール・フリードリヒ・ガウス (1777—1855)
ガウスと正 17 角形
(切手：東ドイツ，1977) 平成 31 年 1 月 31 日　郵模第 2794 号

い？」友人はガウスを直視した。

ガウスは友人の率直さに一瞬たじろぎ，そして答えた。

「僕は自分自身のために研究し発見するんだ」

「いいよ。それならアルキメデスを批判するなよ」 友人は答えた。

ガウスがそれほどにまで研究を秘密にしていた本当の理由は何だったのであろうか。

どんな理由であれ，ガウスはアルキメデスに対して主張したことを，自分では実行しなかったようです。彼の発見を進んで分かち合おうとしてきたのなら，いろんな分野での数学の進歩がもっと速やかに，あるいはさまざまな方向に起こったかも知れません。彼はなぜ研究を秘密にし，守ろうとしたのでしょうか？　彼が発見した多くの顕著なことのうち[1]ごくわずかだけ選んで公表しました。

フランス科学アカデミーは 1816 年から 1818 年にかけて，フェルマの最終定理の証明あるいは成立しないことの証明をした最初の者に授与する賞を設定しました。ガウスはこの公募に参加するよう説得されましたが，彼の答えは「パリ賞についてお知らせいただいたことは誠にかたじけない。しかしながら，一つの孤立した命題としてのフェルマの定理はあまり関心をそそられないと言わざるを得ません。誰も証明も使用もできないであろうようなこのような一連の命題を提示することは私には非常に容易なことです」でした[2]。フェルマの最終定理を証明しようとして何千時間も費やしたすべての数学者達のことを考えてください。もし，ガウスがそれを解いたとしたら彼らは別の問題に時間を当てることができたのです。

ガウスは 19 歳のとき発見の一つを発表しました。それは 1796 年 6 月に《一般学芸雑誌》に掲載されました。彼の論文は正 17 角形を定規とコンパスだけを用いて作図する方法を記述していました[3]。この多角形が古代ギリシャ人達を退けた本質的な意味は何

---

[1] 彼の大量の発見の中には次のようなものがある——電気についての研究，測地学，複素数，関数論，級数の収束，数論，算術の基本定理，代数学の基本定理，合同算術，平方剰余の相互法則，惑星軌道の決定問題への解，双曲幾何学の原理，最小 2 乗法などなど。

[2] トード・ホール『カール・フリードリヒ・ガウス (*Carl Friedric Gauss, a biography*)』(MIT 出版，1970)。

[3] ガウスの発見は正 17 角形の作図をはるかに越えていた。彼は辺の数が素数 p である正多角形が定規とコンパスで作図可能であるのは p が $2^{2^n}+1$ の形をしているときでありそのときに限るということを証明した。$3, 4, 5, 6, 10, 15$ 角形が古代ギリシャ人によって作図されていた。ガウスの公式 $p = 2^{2^n}$ によれば，n が 0 と 1 にはそれぞれ正 3 角形と正 5 角形が対応し，ギリシャ人が扱ったものである。この公式は素数の 7 には対応せず，正 7 角形は定規とコンパスだけでは作図できない。$n = 2$ であれば $p = 17$ はガウスの研究によ

だったのでしょうか。ガウスはこの出版によって数学界で知られるようになりました。ガウスが『数学日記』を付け始めたのはこのときです。その最初の記事は正多角形の作図についてであり，合わせて 145 の記事を書いています。記事のいくつかの日付は，彼の発見が他の数学者達によってなされた発見より先行していたことを示しています。それらの中に楕円関数の二重周期性の一般化と双曲幾何学の発見があります。ガウスはなぜそれらを発表しなかったのでしょうか？　なぜ研究を手元に留め置いたのでしょうか？

ガウスは自分のため，自己認識のために一人で研究してきたと主張しています。彼は保護者に恵まれました。それは彼を経済的に援助したブラウンシュヴァイク公爵です。1791 年から公爵が死んだ 1806 年まで，ガウスは生活費の心配を必要するがありませんでした[4]——彼は数学の発見に全力を尽くせば良かったのです。彼が 1 篇の論文を出版するときは，それまでにないほどの仕上がり——明解で正確で完全——になるよう気を配りました。彼が発表した研究の中に有名な (博士論文である) 代数学の基本定理[5]と算術

り定規とコンパスで作図可能であり，ガウスは実際それを実行した。さらに彼の研究はこの公式で得られるどんな素数に対しても得られる正多角形は作図可能となる。

[4] 訳注：ここに言うブラウンシュヴァイク公は，ブラウンシュヴァイク＝リューネブルク公カール・ヴィルヘルム・フェルディナントのこと。カール 2 世と呼ばれる。ガウスがゲッティンゲン大学に入学する前に学んだカロリヌム大学 (後のブラウンシュヴァイク工科大学) を創ったのは父のカール 1 世である。カール 2 世はプロイセン軍の最高司令官としてナポレオン率いるフランス軍と戦い，銃弾を浴びて 71 歳でなくなった。第 14 話で，ソフィー・ジェルマンがガウスの身辺を気遣って様子をうかがう使者をたのんだのは，この戦いであった。ブラウンシュヴァイク公国が正式に成立したのは 1815 年のウィーン会議による。

[5] この定理はすべての代数方程式は $a + bi$ の形 (複素数) の根をもつということを主張する。

[illegible]e lemniscata, elegantissima omnes exspectationes superantia acquisivimus et quidem per methodos quae campum prorsus novum nobis aperiunt. Gott. Jul.

★ Solutio problematis ballistici Gott. Jul.

Cometarum theoriam perfectiorem reddidi Gott. [illegible]

Novus in analysi campus se nobis aperuit, scilicet investigatio functionum etc. [illegible]

Formas superiores considerare coepimus Br. Febr. 14

Formulas novas exactas pro parallaxi eruimus ——— Br. Apr. 8

Terminum medium arithmetico-geometricum inter 1 et $\sqrt{2}$ esse $= \frac{\pi}{\varpi}$ usque ad figuram undecimam comprobavimus, qua re demonstrata prorsus novus campus in analysi certo aperietur Br. Mai 30.

In principiis Geometriae egregios progressus fecimus Br. Sept. [illegible]

Circa terminos medios arithmetico-geometricos multa nova deteximus Br. Nov. [illegible]

ガウスの数学日記のあるページ

(訳注：日記の記事第 92 から第 100 まで)

1796年7月10日　Ευρηκα

$num = \Delta + \Delta + \Delta$

1796年10月11日

Vicimus GEGAN

1799年4月8日

REV. GALEN

- 1796年7月10日の記事はアルキメデスの有名な文言「エウレカ(わかったぞ)」がギリシャ語で書かれている。次の数式はすべての自然数は高々3つの三角数の和であることを意味している。三角数とは1からnまでの和となる数で$\dfrac{n(n+1)}{2}$となる数である。同じ大きさの円柱を同じ向きに横にして下から順に本数が$n, n-1, \cdots, 3, 2, 1$となるよう積み重ねると切り口(底面)が正三角形になることによる。
- 彼の日記の全146の記事の中で1796年10月11日と1799年4月8日の記事は未だ謎のままである。

の基本定理[6]があります。公爵が死んだ後，ガウスはゲッティンゲン天文台長に指名されました。ここでも彼は興味のわいた研究を

---

6) この定理はすべての自然数はただ一通りに素数の積に表されるというものである。

思う存分追求する自由がありました。結果として研究，発見，発明は絶え間がありませんでした。ガウスの日記は，彼の多くの研究が他の数学者達によって出版された研究より先行していることを証明しています。再び問いましょう。なぜガウスは研究成果を手元に留め置いたのでしょうか？　批評を恐れたのでしょうか？　完璧主義者でもあったのでしょうか？　ある説では，彼の『数論考究(*Disquisitions arithmeticae*)』がフランスの科学アカデミーに却下されて，いかに屈辱を覚えたかを伝えています。そのとき彼は，完全に洗練されたものでなければ発表しないこと決めたと思われます。面白いことに 1935 年に科学アカデミーが保存文書を徹底的に調べたとき，ガウスはその研究を提出していないことが判明しました。ガウスが非常に敏感で，少しでも間違いをしたり批判を受けることを恐れたから提出しなかったのでしょうか？　ガウスは既に発見したものを発表することに労力や時間を割くより，現在の研究に時間とエネルギーを使いたかったのかも知れません。想像ですが，例えば彼の双曲幾何学の研究はユークリッド幾何学に比べると革命的なものであると思い，その反響が彼の名声に傷を付ける可能性があることを恐れたのではないでしょうか。彼の懸念は友人への手紙[7]に反映しています：

> 「... 私の広汎な研究を公表に向けて仕上げるには ... それで多分私が生きている間には準備が整わないでしょう。と言うのも私の見解を明瞭に述べるとボイオティア人達がわめく

---

[7] 訳注：この手紙は 1829 年 1 月 28 日付けのベッセルへ宛てたものである。

のを恐れるからです」[8), 9)]

理由の如何に関わらず，この驚くべき天才が自ら課した秘密主義は，数学の進歩を遅らせました。

---

8) ウィリアム・デュラム『天才をめぐる旅 (*Journey Through Genius*)』(ジョン・ワイリー社，1990)。(訳注：邦訳は『数学の知性――天才と定理でたどる数学史』中村由子訳，現代数学社，1998。)

9) 訳注：ボイオティアは古代ギリシャの一地方でボイオティア人が田舎者とみなされていたことから，ボイオティア人が愚鈍な，無教養な，無知な人を意味するようになった。空間を実在形式ととらえる従来の観点からも，アプリオリな直観形式ととらえるカントの立場からも，二つ以上の幾何学の存在は受け入れられるものではなかった。ボイオティア人はカント哲学の信奉者達を指すのか。

女性数学者，親父どものクラブをぶっつぶす

ソフィの母はろうそく明かりの寝室に入るなり尋ねた。
「ソフィ，こんなに遅くまで寝ないで何しているの？」
「本を読んでいるところなの，お母さま」
「何を読んでいるの？」と母は聞いた。
「お父さまの書棚にあった本よ」　ソフィは余計なことを言わないように注意しながら答えた。
「ちょっと見せなさい」　母は言うとベッドからその本の手に取った。
「ユークリッドの『原論』じゃありませんか。数学の本よね！　あなた，何を読んでいるのよ。お父さまも私もあなたが数学を勉強することを禁止したでしょう？　それはあなたの身体にも心にもよくないことは分かっているわよね」
「多少の数学がどのようにして私の健康を害するというの？　とっても楽しんで勉強しているのよ。それも政情不安というので，ほとんど家にいなければならないんですもの」
「私たちはあなたに数学を勉強して欲しくないと言いましたよね。女の子がこの学問で頭を悩ますべきではありません。それは男のすることです。あなたが私たちの望みを聞いてくれないので，厳しい処置を執らなければいけません。夜，あなたの部屋に火を入れてはいけません。あなたの着るものは衣類入れに入れて鍵を掛けます。そしてあなたからろうそくを取り上げます。そうすれば書庫をうろついたり，遅くまで起きていることができなくなるはずです。これ以上読んではいけません。これ以上の数学はいけません。ソフィ，分かりましたか？」と母は尋ねた。

「分かりました」とソフィは答えた。「でもそれで数学の勉強を止めさせることはできません」

これはソフィ・ジェルマンが数学知識の探求の中で出会った障碍の一つであった。

*　　　*　　　*

エコール・ポリテクニクのラグランジュ教授は教室で「ここにムッシュ・ル・ブランの論文があります」と話しかけた。「これは良くできた素晴らしいもので独創的な研究です。ムッシュ・ル・ブランが授業の後，私の研究室に来ていただければ，彼の素晴らしい仕事について個人的に議論し，そして推薦することができるのですが…」そう言ってラグランジュは教室から出て行った。

講義室の外でソフィの友人の一人であるロベールは，ラグランジュの授業から出てくると彼女の下へ駆け寄った。「ソフィ，聞いたかい？」

「聞いたかって何を？」とソフィは尋ねた。

ラグランジュ

(切手：フランス，1958) 平成 31 年 1 月 31 日　郵模第 2794 号

「ラグランジュ教授が優れた論文のことでル・ブランを祝したいんだってさ。彼は君に研究室で会いたいと言っているよ」

「彼がル・ブランに研究室で会いたいんですって？」とソフィは聞いた。「彼がムッシュ・ル・ブランがマドモワゼルだと知ったらなんと言うでしょう」

ソフィ・ジェルマンの数学に対する決心と切望は，彼女が目標へ向かう探究心を助ける推進力でした。彼女は両親の規制をかいくぐって，ロウソクを密かに隠しておいて，夜には冷えないように毛布にくるまり，部屋をこっそりとぬけだして，本のために父の書斎に行くのでした。彼女の学びたいという気持ちは両親の頑固さに勝っていました。ついには両親はあきらめました。フランス革命とそれに続く恐怖政治によってソフィは孤立してしまい家から出られませんでしたが，これが幸いして父の本を楽しむことができたのでした。彼女は数学を自学自修したのです。

ソフィは父の蔵書を読み尽くすと，外に情報を探さなければなりませんでした。設立されて間もないパリのエコール・ポリテクニクではフランスの第一級の数学者達が講義を行っていました。けれど，そこには問題がありました。それは女性が講義に出席することは許されていないということでした。それでソフィはあきらめたでしょうか？　否です。彼女は関心のある授業を選んで，友達から借りた講義録を勉強したのです。彼女はジョゼフ・ラグランジュの**解析学**の講義に夢中になったに違いありません。というのも，この講義に関連して彼女が研究した論文を提出することにしたからです[1]。彼女は当然男性の偽名ル・ブランで投稿しました。ラグランジュはル・ブランが実はソフィ・ジェルマンであることが分かったとき驚きましたが，彼女が女性であるからといって差別しませんでした。実際，彼女の研究をほめ，そして励ましました。さらに彼女をフラ

ソフィ・ジェルマン (1776—1831) またの名はムッシュ・ル・ブラン

(切手：フランス，2016) 平成 31 年 1 月 31 日　郵模第 2794 号

1) 訳注：ラグランジュは講義のあとには論文を提出させるという形式で講義を行った。

ンスの多くの数学者や科学者達に紹介しました。なおも正規の講義に出席することはできませんでしたが，親交をもった多くの人たちとの文通を通して研究を続けました。

カール・フリードリヒ・ガウスは 1801 年に整数論を扱った『数論考究』を出版しました。ジェルマンはそのコピーを 1 部入手しそれに魅了されました。ジェルマンはガウスの仕事の副産物として，ガウスと共有したいと思ったいくつかのアイデアを導きました。彼には紹介されたことがありませんでしたので，彼女は再びムッシュ・ル・ブランの偽名で手紙を書くことにしました。ガウスはル・ブランの仕事に感銘を受け，詳しい返事を書きました。ジェルマンがフランス軍のドイツ侵攻中のガウスの身辺のことを心配しなければ，彼女の正体がばれることはなかったでしょう。彼女はフランスの将軍に，ガウスがブラウンシュヴァイクの自宅で安全であることを確かめるための使者を派遣するよう頼みました[2)]。ガウスはこの使者がジェルマンの名前を告げたときすっかり混乱してしまいました。

ガウス

(切手：西ドイツ，1955) 平成 31 年 1 月 31 日　郵模第 2794 号

[2)] 訳注：第 13 話の脚注 4) 参照。

彼女はそれに続く手紙で偽名の件をつぎのように告白しました：

「… 私は今まであなた様がお返事をくださるような恩恵にはもちろん値しないメモをお伝えするとき，M (ムッシュ)・ル・ブランという名前を使って参りました … 私はこのたび打ち明けて申し上げることが，あなた様が仮の名前の私にお与えくださった栄誉を取り上げしまわれないよう，そして数分だけあなた様の身辺を私にお書きくださるために割いていただくようお願い申し上げます」[3)]

ガウスは次のように答えています。

「一般に抽象科学，特に数の神秘を理解し味わうことができる人は非常に稀です。これは驚くことではありません。なぜならば，すべての美のなかでこの崇高な素晴らしい科学の魅力は，それを理解しようとする勇気をもつ人にのみ姿を見せるからです。これらの解決しがたい問題に習熟する際，性別，風習，偏見のために女性が男性よりも無数に多くの障碍に出会い，なおもこの束縛に打ち勝って何が最も深く隠されているかを見通すというのは，その女性は疑いなく最も高貴な勇気，並外れた才能，優れた天分の持ち主です」[4)]

ただ女性というだけでジェルマンの前に多くの扉が閉じられていましたが，それでもなお数学を学びたい，数学をしたいという気持ちは衰えませんでした。彼女は弾性曲面の振動解析の研究に対して 1816 年にパリ科学アカデミーの大賞を受賞しました。ガウスは

---

3) ジョン・ファウヴェル，ジェリー・グレイ『数学史読本 (*The History of Mathematics : A Reader*)』(イギリス公開大学，1987)。

4) 脚注 3) と同文献。

1831 年にジェルマンがゲッティンゲン大学から名誉博士号が受けられるように推薦しました。彼女は不幸にも 2 年間の癌との闘いに敗れ，学位が贈られる前に 55 歳で死亡しました。

ニュートンは甘いクッキーではなかった[1)]

「どうぞ入って」 エドモンド・ハレーはドアのノックに答えて呼びかけた。彼はニュートンの『**自然哲学の数学的原理**』(略称**プリンキピア** (= **原理**)) の出版準備に忙しくしていた。

「こんにちわ，ハレーさん」 ロバート・フックは入ってくるとそう言った。

「こんにちわ，フックさん。お会いできてうれしいです。どうぞお掛けください。いらっしゃったご主旨は何ですか」とハレーは尋ねた。

「ご存じのように，ニュートン氏と私は光と重力に関する私の研究について手紙のやりとりをしてきました」とフックは言った。「あなたがニュートン氏の『**プリンキピア**』の出版に向けた作業中ということですので，この分野で彼と分かち合った私の研究について，私に対する 2, 3 の謝辞をくださることは許されるのではないかと考え

---

1) 訳注：アメリカの菓子メーカーであるナビスコ社の製品のイチジクのペーストを包んだクッキー「Newtons」に掛けている。ニュートンと聞けば甘いクッキーを思い出すアメリカ人は多い。製品名はマサチューセッツ州ニュートンに因んでおり Isaac Newton との直接の関係はない。

ました」

「それは真っ当なことのようですね」とハレーは答えた。「ニュートンにそのことを伝えましょう」

アイザック・ニュートン卿 (1642―1727)

(切手：ドイツ，1993) 平成 31 年 1 月 31 日　郵模第 2794 号

*　　　*　　　*

「絶対だめだ」 ニュートンは声を強めて言った。「彼の功績をどんなものであれ認めるくらいなら『プリンキピア』の第 3 巻を出版しない方がましだ」 ニュートンは激怒した。

「フックが頼んでいるのは，1679 年に手紙の交換をしたとき，あなたに与えられたであろう彼のアイデアの助けに対して謝意を表して欲しいというだけですよ。彼がこのアイデアをあなたのように最後までやり通すとか発展させることができたのではないことは，私たちも知っております」とハレーは説明した。

「駄目，駄目，駄目」 ニュートンは大声を上げた。

ハレーは彼がこのような興奮状態になったときは一人にしておくのが最善であることを知っていた。ハレーがこ

PHILOSOPHIÆ
NATURALIS
PRINCIPIA
MATHEMATICA.
AUCTORE
ISAACO NEWTONO,
EQUITE AURATO.
EDITIO ULTIMA
Cui accedit ANALYSIS *per Quantitatum* SERIES, FLUXIONES *ac* DIFFEREN-TIAS *cum enumeratione* LINEARUM TERTII ORDINIS

AMSTÆLODAMI,
SUMPTIBUS SOCIETATIS.
M. D. CCXXIII.

『自然哲学の数学液原理』のタイトルページ

のような彼を見たのは初めてではなかったし，間違いなく最後でもないであろう。彼はいつ自分の考えを通すか，自制を失ったニュートンの非難をどんな形で受け入れるかを知っていた。

＊　　＊　　＊

ニュートンは最後にはハレーにフックへの謝意を入れさせたが，それもフックの名前の後に入れる単語「クラー

ロバート・フック (1635—1703)

(切手：マラウイ，2008) 平成 31 年 1 月 31 日　郵模第 2794 号

リスシムス (Clarissimus)」[2] を削るという約束をさせてからであった。

*　　　*　　　*

ニュートンの説明不可能な心の揺らぎや気まぐれな行動についてはいろいろと推測されている。彼の奇妙で変わりやすい行動の根には何があるのだろうか？

アイザック・ニュートン (1642—1727) の名前を言うとき，誰でも天才という言葉が頭に浮かびます。彼が十代で大学初年級の頃には特に目立った存在ではありませんでした。しかし，二十代はじめの数年間 (1665—1666) のうちに重力，運動の法則，光，そして数学や科学に深い影響を及ぼすことになる微分積分学などの考えをまとめました。彼の集中度は恐るべきものです。ずっと解けるまで考え続けるというのが問題への迫り方でした。その懸命な努力をして

---

2) 訳注：最も賢明な，最も有名な，の意のラテン語。

エドモンド・ハレー (1656—1742) はハレー彗星の楕円軌道と次の1758 年の回帰の予想とで今日最もよく知られている。
(切手：コンゴ，2016) 平成 31 年 1 月 31 日　郵模第 2794 号

いる間は，どんな小さいことでも気が散ることはいやでした。これに加え他の特質として，子供っぽい怒りの爆発，批判への反発，自分の研究への過剰防衛的な態度などが，そしてもう一つ非常に気まぐれな性格があります。ニュートンは謙虚な人間ではなく，自分のアイデアや発明や研究を猛烈に守ろうとしました。彼は「もし私が他の人より遠くが見わたせるとすればそれは私が巨人の肩の上に立っているからだ」[3] と言いながら，他人の貢献をほとんど認めませんでした。ニュートンの時代にはこの成句はほとんど陳腐になっていました。実際これが最初に書かれた日付は 12 世紀にまで遡ります[4]。多くの時代にいろいろな形で反響があり，シャルトル大聖堂の窓にまで描かれました。

1600 年代の末期，ニュートンは神経衰弱の間際にありました。

---

[3] この文言は 1676 年のロバート・フックへの手紙に見ることができる。

[4] 訳注：12 世紀のフランスの哲学者ベルナール・ド・シャルトルによるとされている。

実際は何度もその境を越えました。精神錯乱になったとき彼は引退し隠遁しようとしました。人が接触しようとするといつも怒りっぽい態度で応えました。

友人のエドモンド・ハレーは 1683 年に彼を隠遁から引き出し，彼の著作『プリンピキア』のロンドン王立協会からの出版準備をさせました。ロンドン王立協会はちょうど，ある出版が失敗して経済的な困難に陥っていました。さらに協会はニュートンの著作が引き起こすかも知れないアイデアを巡る著作権論争に巻き込まれたくありませんでした[5)]。ハレーはニュートンの研究を信頼していましたので，出費は彼自身が引き受けることにしました。彼は出版の費用を負担しただけではなく，ニュートンをずっとなだめながら，挿絵を作らせる，校正をする，フックへの謝辞を入れると言った細々としたこともすべて引き受けました。ハレーは 1687 年に『プリンキピア』の初版の出版に漕ぎつけました。本はすぐに評判になりました。名声と共にニュートンのアイデアの綿密な検討が行われました。ニュートンは常に批判と対処する面倒を抱えていましたが，今回も例外ではありませんでした。1693 年に深刻な神経衰弱になり，仕事の重圧，評判に加え，その他の要素も精神的危機の原因となりました。中でも次のようなことが挙げられます：

——1692 年に彼の実験室が火事になり，彼の著作物やノートが燃えました。火事は誰にとっても深刻な痛手ですが，今のようなコピー機やコンピュータによるバックアップがない時代ですから特にそうです。

——スイスの数学者ニコラ・ファシオ・ド・デュイリエとの

5) ロバート・フックはニュートンの重力の逆 2 乗の法則は実際は自分の業績であると主張していた。

関係が終わってから数か月後に彼は衰弱に陥りました。ニュートンはファシオを 1689 年以来知っていましたが，正確な関係の実態は記録されていません。彼らは愛人関係だったのでしょうか，それとも単なる親友だったのでしょうか？　ファシオとの関係は「(母を除いて) 最も親しいニュートンが彼のところに現れ，暖かい人間関係を保ちました」[6] と記述されているが，真相は分かりません。ニュートンは成人してからどんな女性とも親密な関係にならなかったことは知られています。彼の衰弱が起きたのは，友人のジョン・ロックに次のような奇妙な手紙を書いた 1693 年の秋でした：

ニコラ・ファシオ・ド・デュイリエ (1664—1753)

拝啓

貴兄が私を女性のことに巻き込もうという考えであると言うことは，私が誰かに貴兄が病気でもう生きられないだろうと告げられたとき，貴兄は死んだ方がましだと答

[6] ジャートスン・ドレク『ニュートンたれ！(*Let Newton Be*！)』(オックスフォード大学出版，1989)。

えることと同じように思われます。貴兄が私の無寛大さについてお許しくださることを強く願っております[7]。

——彼の神経衰弱は水銀中毒が原因だったのでしょうか？

ニュートンも科学実験をする傍ら，水銀を扱い燃やす必要がある錬金術の研究に没頭しました。多くの学者が，彼の感情

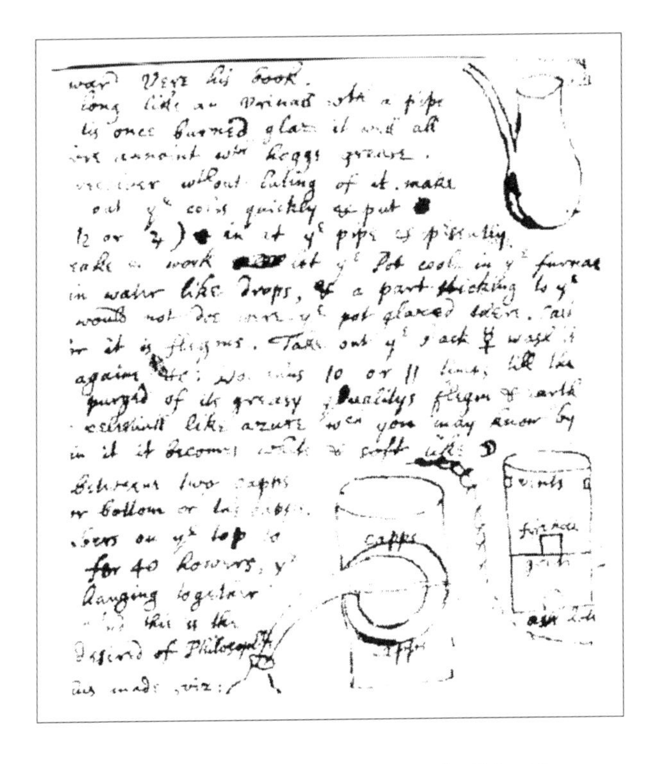

ニュートンの錬金術ノートのあるページの部分コピー

[7] 脚注 6) と同文献。

的な行動は，しばしば水銀の毒によって引き起こされたものと推測しました。

「水銀化合物を口に入れたり，昇華した塩の蒸気を吸い込む危険は自明である。ニュートンに問題が生じ始めたことは驚くことではありません。実際それはほぼニュートンが 1693 年秋の奇妙な手紙の説明のなかで話している胃腸が悪くなり睡眠も良くとれなくなり始めたときのことでした。ニュートン自身が，これは何世紀もの間錬金術師たちが警告している水銀蒸気が原因である，と自覚していたかも知れません」[8)]

ニュートンは精神状態が安定した後は公的生活を避けることはありませんでした。彼は 1696 年に造幣局長官になるためにロンドンに移り，そこに 1727 年の死まで住みました。1703 年に王立協会会長に選ばれ，アン女王によってナイト爵位が与えられました。彼はこのような経歴にもかかわらずなお度を超した恨みを，特にロバート・フック，(微積分に関して) ゴットフリート・ライプニッツ，(天文データの支配に関して) ジョン・フラムスティードに対してもっていました。ニュートンは舞台裏では，彼の追従者達を組織し配置することに最も長けていました。例えば，ウィリアム・ホイストンをルーカス教授職に，エドモンド・ハレーをオックスフォード大学のサヴィル幾何学教授職に，デイヴィッド・グレゴリーにオックスフォード大学のサヴィル天文学教授職に就け，クライストホスピタルスクール[9)]の数学講師の指名にあたり，彼の推薦した候補者

[8)] ロンドン王立協会《注記と記録》34 巻 1 号 1979 年 7 月。L.W. Johnson and M.L.Wolbarsht「水銀中毒：アイザック・ニュートンの身体的精神的病いの蓋然的原因」。

[9)] 訳注：イギリスのサセックスにある私立高校。「ロイヤル数学学校」とノンスペシャリストの音楽学校をもつ。

に優先的な考慮がなされるように取りはからいました。さらに彼の仲間を王立協会の書記や実験主任にしました。実際，彼は彼自身の神秘的雰囲気を作り上げる積極的な一員であったのです。

第16話

数学のノーベル賞はどこに

アルフレッド・ノーベルは書斎に座り，賞をどのように設定したかを見直して，遺言の細部の仕上げをしていた。

「さあ終わった。何か見落としはないかな？」

「友達や親戚には小さい贈り物。やりすぎではいけない。大きな遺産は自己満足を産むだけだ」

「遺言執行人はすべての資産を現金に換え，それを安全に投資しなければならない。この投資から得られる利子は毎年人類の利益に最も貢献した人物に対する賞に宛てられるであろう。そうだ。これが私の望むところだ」

「数学には賞はない。そのことはあからさまには言わなかったが，それを排除したことがそういうことを意味する。賞が与えられるのは厳密な分野に限ったのだ。それで十分だ。私が数学に賞を与えたくないのは明らかだろう。それにより私の指示はミッタク＝レフラーの受賞を阻止し続けるだろう」

＊　＊　＊

アルフレッド・ノーベルはなぜ裕福な数学者ヨースタ・ミッタク＝レフラーがノーベル賞を受賞することに反対

アルフレッド・ノーベル

(切手：モナコ，2001) 平成 31 年 1 月 31 日　郵模第 2794 号

だったのであろうか？　あるいは，ノーベルは数学と敵対する理由が何かあったのであろうか？

ノーベル物理学賞と化学賞のメダル

ノーベル賞を 2 度受賞したのは 4 人である：物理学賞と化学賞のキュリー夫人，化学賞と平和賞のリヌス・ポーリング，物理学賞が 2 度のジョン・バーディーン，化学賞と物理学賞のフレデリック・サンガー。

1896 年にアルフレッド・ノーベルが死んだとき，物理学，化学，生理学・医学，文学，平和の 5 分野に毎年与えられるノーベル賞ために，31 億スウェーデン・クローナの基金[1]が設定されました[2]。

ノーベルとメダル

(切手：アメリカ，2001) 平成 31 年 1 月 31 日　郵模第 2794 号

ノーベルがなぜ数学のための賞ノーベル数学賞を設けなかったかということについては，いろいろと憶測されてきました。多くの説が語られてきましたが，いくつかの説はすぐに捨て去られました。その一つが「ノーベル夫人がある数学者と浮気をした」というものです。これはあり得ない，というのもノーベルは一生独身だったのです。ノーベルが惚れていた女性が数学者と恋に落ちたと言うことは可能性があるでしょうか。これはもっともらしい話ですが，これを裏付ける証拠は何もありません。

ノーベルは恥ずかしがり屋で公の場を好まず，しばしば自らを卑下していました。彼は 43 歳のときウィーンの新聞に次のような個

---

[1] 訳注：2017 年末では基金の総額は約 45 億スウェーデン・クローナ = 約 578 億円である。

[2] 1968 年にスウェーデン政府はスウェーデン国立銀行設立 300 周年を記念して経済学賞を設立したが，ノーベル財団が関与するものではなく，正式にはアルフレッド・ノーベル記念スウェーデン国立銀行経済学賞という。

人広告を出しました。「裕福で教養あるパリ在住の年配の紳士。語学に堪能な年配の女性を秘書兼家政婦として求む」 すると教養あるオーストリア貴族出身で，魅力的な職を探していた 33 歳の女性ベルタ・キンスキーがこの広告を見て応募してきました。彼らはパリで会い，彼女は採用されました。しかしノーベルが，特にベルタが自由かどうかを問うて，ベルタに家政婦以上のものを望んでいることに気づくまで時間はかかりませんでした[3)]。ベルタはたった 1 週間働いただけで恋人と手を取りあってウィーンへと逃げ帰りました。しかし，彼女とノーベルは生涯友人であり続けました。それから間もなくしてノーベルはウィーンの花屋で働いてた 20 歳の女性ゾフィー・ヘスと出会いました。二人はピグマリオンのような関係をもちました[4)]。ノーベルはまずウィーンに彼女のためにアパートを，次にパリにも一つ，そして最後にドイツに屋敷を一軒手に入れました。彼女を教養ある女性に仕立てたかったのですが，彼女は贅沢趣味に耽るだけでした。ノーベルは彼女の愚かな行動やお金の使い方を手紙で叱りましたが，言うことを聞きませんでした。ノーベルはこの事態を繰り返し終わらせようとしましたが，彼女はお金をもっとねだる手紙を書き続けました。後に彼女が妊娠し，その子供の父親と結婚しましたが，ノーベルは彼女の援助を止めませんでした[5)]。明らかにノーベルが接触した女性の周りにいたどの男性も数学者ではありませんでした。

それではノーベルの数学に対する敵意はどんな理由からでしょう

[3)] ドナルド・デイル・ジャクソン「最悪を予期しながらノーベルは最善を望んだ」《スミソニアン雑誌》1988 年 11 月号。

[4)] 訳注：ピグマリオンは自作の彫刻ガラテアに恋したギリシャ神話の王。

[5)] 訳注：ノーベルは日記をネタにゾフィーにゆすられていたとの説もある。彼女はノーベルの死まで毎年日本円で 15 億円受け取り，ノーベルの死後ノーベルの手紙と写真を遺言執行人に高額で買い取らせた。

か。彼は数学者と喧嘩をしたのでしょうか。数学者のヨースタ・ミッタク＝レフラーとの関係について多くの文献があります。いくつかの文献はノーベルはこのノルウェーの数学者に彼の賞を絶対与えたくないと主張しています。ノーベルはミッタク＝レフラーとの間に実務上の問題があったのでしょうか？　ノーベルはミッタク＝レフラーのある実務関係について快く思っていなかったのでしょうか？　彼らは友人であったがけんか別れしたのでしょうか？　ノーベルの遺言のなかでの文学に対する規定は，賞は「文学において理念をもって最も優れた作品を創作した人物に与えられる」というものです[6)]。彼の遺書が公表されたとき，多くの人がこれをどのように解釈するべきか思案しました。ミッタク＝レフラーが出てきて，「ノーベルは宗教，君主制，結婚，支配階級というようなものに対し全体として論争的，批判的な立場をとることを示唆した」と主張しました。彼はノーベルがアナーキストであるとほのめかしていたのでしょうか？　彼らはこれらについて議論したのでしょうか？

ノーベルはビジネスには非常に長けていましたが，創造力がなければ成功しなかったかもしれません。ニトログリセリンは 1847 年にイタリア人のアスカニオ・ソブレロによって発明されました。彼らは同じ実験室で一緒に研究しましたが，ソブレロはこの物質を商業的に利用するには危険すぎると考えました。ノーベルは明らかにそうではありませんでした。彼はこの爆発性化合物をトンネルの掘削，鉄道や道路の工事，鉱山，武器など多くの目的に利用することを思い描いていました。それを爆発させるための爆破用雷管を発明し，それを商品として売り出しました。それでもこの死をもたらす物質は犠牲者を出しました。1864 年にノーベルの弟と他に 4 人の

[6)] キエル・エプスマーク『ノーベル文学賞 (*The Literary Nobel Prize*)』(G.K. ホール社，1991)。

工場作業員がストックホルムの工場爆発で死にました。この事故からノーベルは破壊工場主というレッテルを貼られました。スウェーデン国家は彼に工場の再建を許可しませんでした。同じような悲劇が世界中の工場でも起こりました。彼は止めようとはせず，ニトログリセリンの力を制御するためのより安全な方法を見出そうとしました。他への危険を最小にするために実験を小型輸送船の上で行うことにしました。彼がたまたま重要な発見をしたのはその船の上だったのです。小型輸送船上で一つの容器からニトログリセリンが珪藻土の梱包材の上に漏れたのです。容器の問題を考えていたノーベルはニトログリセリンをこの土状物質に含ませれば安全に扱うことができることを悟りました。実際，爆破用雷管なしでは爆発させることができませんでした。このことがダイナマイトの発明につながりました。続く数年間にゼリグナイト (爆破ゼラチン) と戦車印のラベルで知られた無煙火薬を発明しました。土木工事などの民事用だけでなく，軍事用にも使われる発明がノーベルの仕事を阻止することはなかったようです。実際，彼は彼の発明が戦争を終結させる (阻止する) 助けになると思っていて，親友のベルタ・フォン・ズットナー (別名ベルタ・キンスキー)[7] に次のように述べています：「私の工場はあなたの会議よりすぐに戦争を終わらせるでしょう。というのも，二つの軍隊がお互いを数秒以内に消滅させる能力をもつときには，文明国はどこでも戦争に背を向けるだろうと思わ

---

[7] 訳注：前出のベルタ・キンスキーはウィーンでズットナー男爵家の四姉妹の家庭教師をし，7 歳年下の御曹子アルトゥール・グンダッカー・フォン・ズットナーに求婚されたために家庭教師を解雇された。それからノーベルの募集に応じてパリに来た。後を追ってきたアルトゥールと結婚してベルタ・フォン・ズットナーとなってパリを去ったのだった。彼女は後に小説家となり，当時としては過激な平和運動に身を投じ，国際平和会議を何度も主催した。

ズットナー

(切手：オーストリア，1965) 平成 31 年 1 月 31 日　郵模第 2794 号

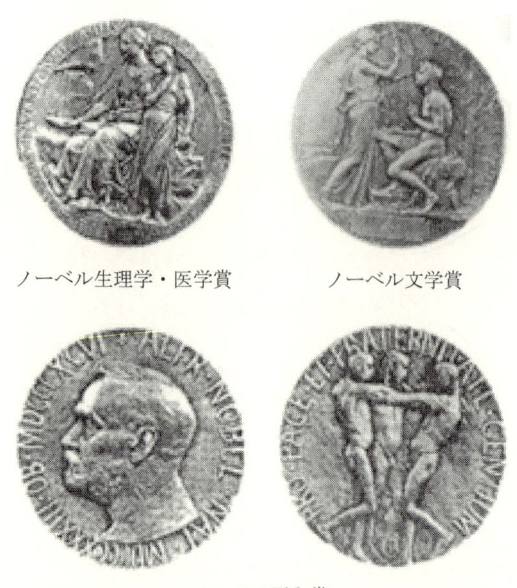

ノーベル生理学・医学賞　ノーベル文学賞

ノーベル平和賞

れるからです」[8]

ベルタ・フォン・ズットナーは当時，ヨーロッパ平和運動の非常に積極的な運動家でした。ノーベルが平和賞を創設することになったのは彼女の功績であり，彼の発明に対する否定的な世論とともに彼女による影響でした。1905 年のノーベル平和賞は『武器を捨てよ！』の著作と，平和運動への寄与に対して，ベルタ・フォン・ズットナーが受賞しました。

なぜ数学にノーベル賞がないかという謎は解かれていませんが——そのなかに数学もあって欲しかったけれど——いろいろな分野を賞の対象に含めたノーベルは賞賛されます。

[8] 脚注 3) と同文献。

ガロアは仕組まれたのか

傷口から血がしみ出している若者が地面に横たわっているとき，彼の心には方程式とアイデアがあふれていた。

一つの手が肩に置かれ「おい，生きているのか？」という呼びかけに気づいたとき，突然記号と数が消えた。通行人はその弱った身体にほとんど躓くところであった。その若者は当時流行りの浅はかな決闘によって弾丸傷を負って，そこに数時間横たわっていたのだ。

「ああ」 若者はあえぎながらようやく答えられた。

「君を医者に連れて行くよ」 その声は平静を装っていた。

「僕は助かりますか？」 まだ20歳の若者はいぶかった。自分が運ばれているのを感じると同時にアイデアが心に戻ってきた。彼のもっていたアイデアは，書いては創造することを繰り返した狂わんばかりの決闘の前夜に，完全に展開する時間がなかったものであった。しかし，今彼に残された時間はなかった。狂わんばかりに創造した夜は，彼が新しく発見した数学を解析し書き下すことで手一杯であった。彼はその考えを分かってもらおうと必死であった。自分の命の終わりが近いという思いがの

エヴァリスト・ガロア (1811—1832)

(切手：フランス，1984) 平成 31 年 1 月 31 日　郵模第 2794 号

しかかってきた。

「彼らは僕が示したいことを理解するだろうか？」　ガロアは思い巡らした。「もし僕にもっと時間があれば。僕が概略を描いたアイデアに念を入れ，詳細を書き下す時間があれば・・・」

ガロアは 1832 年に死にました。この若者の生涯に何がうまくいかなかったのでしょうか？　天才——神童でした。不幸に次ぐ不幸が彼の短い生涯を襲います。天才はどのように不運と思われているのでしょうか？　エヴァリスト・ガロアの場合は確かにそうでした。想像してみてください。知性が，信じられないほどの数学のアイデアや革新的な手法や解にあふれているのですが，それらを聞こうとする人は誰もおらず，分かち合う手段も何もありません。彼は時代をずっと先んじていたのです。同世代人に彼の洞察を理解しうる人は多くありませんでした——彼のアプローチの仕方は非常に独創的で現代的だったし，彼の記述は余りにも要約的で簡潔すぎました。多くの人は彼が明らかとみなした段階を埋めることが困難でした。群論と代数方程式に関する彼の研究の本質的な部分のいくらかでも数学者が手に入れることができるようになったのは，彼の死から 14 年も経ってからのことでした。

ガロアと家族は，ブール・ラ・レーヌという町に住んでいました。自由共和主義者である父は，この町の町長でした。母は教育のある一風変わった女性でしたが，彼の幼いときから家庭教育を施しました。彼が 12 歳のとき，両親は彼をパリの正式な寄宿学校[1]に入れることを決めました。古典はこの学校の重点科目でしたが，母がギリシャ語・ラテン語を中心に教えていたので，初めのうちは古典で優れた評価を得ました。数学を学び始めると，この学問は彼を魅了しました。すぐに学校の数学教育と教科書は，彼には初歩的すぎるものとなりました。文献を漁り，ルジャンドルの幾何学とラグランジュの代数学をむさぼるように読みました。頭の中で計算をし，問題を容易に解く能力があり，教師の何人かを恐れさせ，彼らは彼の教育をすべて把握し管理していると主張しました。ある教師は彼を誤解し挑戦的で反抗的であると思っていました。次第に他の科目に幻滅するようになり，それらに集中しなくなりました。教師の何人かは彼を落第させるべきだと主張しました。最初にガロアの特別な才能と並々ならぬ意欲に気づいた教師の一人ヴェルニエは，数学を系統的に勉強するように励まそうとしました。しかしガロアにはもどかしすぎました。彼の心はもっと上に向かっていました。初等的な勉強は問題にならず，直接高等数学に進むことを望みました。数学を理解することには問題がなかったのですが，自分のアイデアを伝えたり，言いたいことの全体像を理解してくれる人を見つけることに問題がありました。多くの若者のように，彼は生意気になりました。教師の忠告に反して，彼は 17 歳のときちんと準備をする

---

[1] 訳注：リセ・ルイ・ル・グラン。

ことなくエコール・ポリテクニク[2)]の入学試験を受けることを決めました。彼は失敗しました。そしてそれを試験官と制度のせいにしました。彼は学校を続け，特に優れた教師であるルイ＝ポール＝エミール・リシャールによる，より上級コースの授業を受けました。リシャールはすぐにガロアの素晴らしい才能に気がつき，彼の天分を伸ばそうと試みました。この期間，ガロアは学校の学習より自分のアイデアについて次第に集中して数学における卓越さを示しました。特に方程式論に集中して研究したガロアは 1829 年 5 月，彼の基本的な発見を含む論文を投稿しました。オーギュスタン・コーシーはその論文を科学アカデミーに提出することを約束しました。このような有名な数学者がそれを発表するということは，アカデミーにおける注目は保証されたようなものです。しかし，不幸なこ

オーギュスタン・コーシー (1789—1857)

(切手：フランス，1989) 平成 31 年 1 月 31 日　郵模第 2794 号

---

2) 訳注：エコール・ポリテクニク (理工科学校) は L. カルノーとモンジュによって 1794 年に創設された高等教育機関。1804 年にナポレオンによって軍の学校とされ，現在は国防省の所轄。エコール・ノルマル・シューペリユール (高等師範学校) などと共にグランドゼコール (大学校) と呼ばれるエリート校で大学より格が上とみられている。

とにコーシーは約束を守らず，忘れたとか，さらには論文を紛失したとか言っていました。言うまでもないことですが，このことはガロアを失望させ，学究世界に否定的な感情を強くしました。

1829 年 7 月にガロアの人生における悲劇的変化がありました。彼の父が，若い司祭が不道徳な詩を作り町長の名前を署名し，公然と流すことにより仕掛けたひどい中傷の犠牲となりました。父は己を恥じパリのガロアが学んでいる学校の近くで自殺しました。人気町長に対する司祭の汚い戦術により，町の人たちは興奮し，父の葬儀は大騒ぎで台無しになりました[3)]。

ガロアは数学に夢中でした。トップの数学者や科学者が教えるフランスで最も主要な学校であるエコール・ポリテクニクに入ることを切に望んでいたガロアは，1829 年の 8 月にもう一度入学試験を受けることにしました。しかしこの試験もまた呪われていました。口頭試問のとき，なぜ自分が間違いであり若いガロアが正しいかを認めることも理解することもできない試験官によって異議を唱えられました。黒板をほとんど使わないで大部分の仕事を頭の中でしているガロアは試験官の過ちを説明しようとしました。ガロアは試験

[3)] 訳注：フランス革命 (1789) 後の第一共和制 (1792―1804) は恐怖政治も経験しナポレオン 1 世による第一帝政 (1804―1814)，ルイ 18 世による王政復古 (1814―1824)，その間にはエルバ島を脱出したナポレオンによる 100 日天下 (1815) もはさみ，ルイ 18 世没後の「超王党派」シャルル 10 世の治世が 1830 年の 7 月革命まで続く。この政治体制の流れの中でその体制を支持する王党派，王党派より右寄りの超王党派，自由主義的な共和派などが争った。国家と宗教を分離しようとする共和主義者達に対抗してカトリックの一部は超王党派と結びついた。ナポレオンの 100 日天下の間に町長に選ばれたガロアの父は自由主義者であり，教区司祭は超王党派と組んで，再び王政になってからも止めない町長を引きずり下ろしたかったのである。町長を支持する多くの町民は，パリで死んだ町長の葬儀が卑劣な司教の下で執り行われることに反対したのであろう。

官の無知で頑固な態度に次第にいらいらして平静を保てなくなり，ついには試験官めがけて黒板消しを投げました。入学試験にまた失敗したのです。残された唯一つの道は，師範学校であるエコール・プレパラトワール (準備学校) の入学試験を受けることだけでした。飛び抜けた数学の成績により，1829 年 11 月にそこに入学できました。彼は熱に浮かされたように数学を研究し，代数方程式論を含む数学における革新的なアイデアを展開した 3 編の論文を書きました。彼はこの新しい論文を科学アカデミーの数学コンクールのグランプリに応募しました。この独自の論文は疑いなく彼に賞をもたらすものでしたが，またもや不運に見舞われました。今度は論文は無事アカデミーの書記であるジョゼフ・フーリエの手に渡り，フーリエは自宅で目を通すことにしました。フーリエはそれを検証する前に死亡し，その論文は彼の持ち物の中には見つかりませんでした。ガロアは完全に打ちのめされ，「ひどい社会制度の中では，おもねる凡人らが有利になり，天才は常に不公正を強いられる」と言いました。

1830 年はフランスが混乱した年でした。一つの立場をとり革命に参加したいと希望してガロアは，『学校新聞』に校長と仲間である生徒達の政治的無関心を批判する記事を書きました。彼は放校されました。

もはや学校にはいない彼は，自分で用意した代数学についての教材を用いて私塾を開くことを決めましたが，だれも登録してくれる者はいませんでした[4)]。その時点で国民防衛軍の砲兵隊に入隊しました。砲兵隊にいるとき数学者シメオン＝ドニ・ポアソンに彼の方程式の一般解についての論文を科学アカデミーに提出することを

[4)] 訳注：彌永昌吉『ガロアの時代 ガロアの数学——第 1 部 時代篇』(丸善出版，2012) には，講義はソルボンヌ街のカイヨ書店で行われ，最初は 40 人の出席があったが，政治活動が忙しくなり中断したとある。

勧められました。理由はどうあれ，ポアソンは彼の論文は理解不能であると記しています。ガロアは彼の論文を明解で読みやすく完全なものにする時間がなかったのでしょうか？　憤慨したガロアは彼のエネルギーを革命に注ぐことにしました。彼はこの頃二度逮捕されました。ルイ・フィリップへの重大な反逆罪は免れましたが，二度目は既に廃止された砲兵隊の制服を着ていたという微罪で 6 か月の収監を言い渡されました。牢の中で唯一の救いは数学を研究することでした。釈放されてまもなく，彼が惹かれていた若い女性についてのことで決闘する羽目になりました。決闘で死ぬかも知れないと分かった彼は，夜を徹して彼の数学アイデアと発見を，できる限り完全な形ですべて書き続けました。彼はこれと他に書いた論文を，数学者のヤコビまたはガウスに読んでもらうよう依頼することを友人のオーギュスト・シュヴァリエに託しました。彼の論文は最初に 1832 年の《百科全書雑誌》に出版されましたが，そのときの数学の発展に影響を与えませんでした。おそらくそれは余りに分かりにくかったか簡略過ぎたか，あるいはその論文を理解できる人には読まれなかったためでしょう。彼の論文が編集された形で《純粋および応用数学雑誌》に発表されたのは，ようやく 1846 年になってからでした。今日では群論の研究が十分進歩し，彼の発見は理解できるものになっています。ガロアは彼の卓説した研究と高度なアイデアが評価されることを経験しませんでしたが，彼の遺産は現代数学に影響を与え続けています。

我眠る，故に我思う

「天井のあれは何だろう」 デカルトは深い眠りから目覚めて不思議に思った。彼の目は寝室のあるところから別のところに飛んでいる蠅に釘付けになっていた。頭の中で何かが動き始めたが，なかなか考えをまとめることができなかった。

ルネ・デカルト (1596—1650)

(切手：モナコ，1996) 平成 31 年 1 月 31 日　郵模第 2794 号彼は少年の時からベッドに横たわって考えるのが好きであった。身体が弱かったので決して跳び起きるということはなく，当然のようにその状況に従った。そしてベッドに横たわる習慣が好きであった。部屋の静寂の中で思考は何にも邪魔されずに続いていった。しかし今日は蠅が入ってきて，絶えず思考を中断させた。

「それだ！」と大声を上げてしまった。天井の隅を見ながら，隅っこの一点で交わる仮想の 3 直線 (と仮想の 3 平面) を見た。今，彼の頭を過ぎったのは ··· 1 点で交わる直交する三つの直線 ··· 直線にはすべての自然数が順に等間隔に割り振られている ··· 隅はゼロ ··· 蠅の位置には場所を記述する三つの数字が対応する ··· 。「美しい！　エレガントだ！　とっても単純だ！　もし直交する直線が 2 本だったら？」　彼の頭は新しい方向に動いた。「すると 2 直線で決まる平面上のすべての点は二つの数で簡単に表すことできるではないか。空間も平面も順序を考えた三つの数，または二つの数が点の位置を表すことに使われる。なんと素晴らしい」　彼の顔に笑みが浮かんだ。

*　　　*　　　*

こうしてデカルト座標系は生まれた。

いいお話だが本当だろうか？

ルネ・デカルト (1596—1650) は裕福な家庭に生まれました。彼は虚弱な体質であったことと，生まれて間もなく母親が死んだということの二つの理由から，甘やかされて育ちました。彼はベッドにいたいだけいても許されました。デカルトはしばしば考えたり物事を学んだりしながら，暖かい居心地の良いベッドで数時間過ごすということを習慣にして育ちました。この習慣は生涯にわたって続きました。父親は息子ができるだけ多くの機会に恵まれることを望みました。8 歳のときラ・フレーシュのイエズス会学院に入りました。この学院で 8 年間過ごしたとき人生の転回点に立ち，パリに行く決心をしました。まずポワティエ大学で法律を学び 1616 年に学位を取得しました。彼は経済的に独立しており，弁護士を開業する必要はありませんでしたので，軍人になることにしました[1)]。最初はブレダでオランダ軍に，そして後にはバイエルンの軍に加わりました。彼は戦闘にも参加しましたが紳士兵士であったため，主にベッドで彼にわいてきたであろう哲学的アイデアと数学的アイデアを研究する時間は十分ありました。彼が解析幾何学とデカルト座標のアイデアを得たのはここであり，このときでした。それはこれらのアイデアが印刷物になる 18 年前のことでした。数年間だけ軍隊にいて除隊，その後ヨーロッパを旅してパリに帰ったのは 1625 年のことでした。彼はオランダの雰囲気が彼の観点と哲学的アイデアに対してより受容力があり寛容であると感じて，1628 年にオランダに移住することにしました。それから 2 年間オランダに住み，そこで多くの論文を書きました。1629 年から 1633 年まで哲学を研究し『世界論』[2)]の出版の準備をしました。彼はガリレオとガリレオの研究がどのような判決を下されたかを知ると，その出版を突然中止しました。この時点で学問の方法についての論文（「理性を正しく

[1)] 訳注：当時長男でない貴族の男子は学校を出ると軍隊生活を経験することは普通のことであった。1581 年に独立し自由で進歩的な気運のあったオランダはフランスと国家的利益を共有しており，オランダ軍に加わったフランスの若者も少なくなかった。

[2)] 『世界論』は彼の死後 1664 年にパリで出版された。

導き，諸々の学問において真理を探求するための方法序説」）と付録となる三つの著作『屈折光学』,『気象学』,『幾何学』[3] の出版に焦点を当てました。約 100 ページからなる『幾何学』の中で，彼の解析幾何学の概念が初めて印刷物になりました。解析幾何学のアイデアはほとんど同時期にフェルマも思いつきましたが，最初に印刷物にしたのはデカルトでした。『方法序説』が出版されるとデカルトはヨーロッパ中で有名になりました。しかし，カトリック教会は彼の著作を承認せず，禁書目録に加えました。この目録は彼の数学を扱ったものも入れて全書物を含みました。

若き日のクリスティーナ女王

(切手：スウェーデン，1938) 平成 31 年 1 月 31 日　郵模第 2794 号

デカルトは 1649 年，取り返しのつかない決定をしました。スウェーデンのクリスティーナ女王が 3 年もの間，デカルトを彼女の宮廷に招き，哲学の家庭教師になる誘いを続けていました。彼は特に厳しい気候を嫌いスウェーデンには行きたくありませんでした。しかし彼女は粘り強かったのです。彼はおそらく廷臣になり，王族達に囲まれた裕福な生活という甘言に乗せられたのでしょう。デカ

[3] 『幾何学』は 3 部からなる。第 1 部は算術の基本演算と幾何学の関係，第 2 部は曲線の分類と接線と法線を見つける方法，第 3 部は方程式の根と符号に関するデカルトの法則である。

ルトが最終的に受諾すると，厳しい冬が過ぎるのを待たずにすぐに来るようにと命じられ驚かされました。女王は有名な哲学者を乗せるために船を派遣しました。彼は冬の始りにストックホルムに到着してファンファーレで迎えられました。彼の宿舎はフランス大使邸でしたが，50 歳の老デカルトはもう朝ベッドで寝転がっていることはできないとは思ってもいませんでした。スウェーデンでの最初の数か月のうちに彼の生徒の哲学に対する情熱は，宮廷のよりつまらない利害に関することに移っていることが分かってきました。クリスティーナ女王はこの哲学者の授業時間をやっと探し出すのですが，それは全く彼女の都合でした。彼は週に 3 日朝 5 時に起きて 23 歳のエネルギッシュで自分本位な女王に哲学の授業をしたのでした。数か月のうちに彼は肺炎にかかり 10 日もせず 1650 年 2 月 11 日に死にました。彼の遺体はすぐに故国に送られず，17 年間スウェーデンに留まりました。1667 年に彼の遺骨はパリに帰りました——あるいはそうではなかったか？　ある説では彼の頭部は胴体と一緒ではなかったということです。彼の頭蓋骨はスウェーデンの化学者イエンス・ベルセリウスがフランスの解剖医ジョルジュ・キュヴィエにそれを贈った 1809 年に，フランスに戻りました[4)]。別の説では彼の遺体は右手を除いてフランスに送られたと言っています。その遺骨は後にフランス財務省長官のところに集められました[5)]。デカルトは今ではパリのパンテオンに眠っています。彼のアイデアは数学者や哲学者たちの頭の中を駆け巡っています。

[4)] アイザック・アシモフ『科学技術伝記百科 (*Biographical Encyclopedia of Science and Technology*)』(ダブルデイ出版，1972)。(訳注：邦訳は『科学技術人名事典』皆川義雄訳，共立出版，1971。)

[5)] ハワード・イヴス『数学サークルさようなら (*Mathematical Circles Adieu*)』(プリンドル・ウェーバー・シュミット出版，1977)。

◉——訳者からひとこと

冒頭の場面でデカルトが平面と空間の座標を思いつく瞬間が描かれているが，そこで描かれている座標はまったく現代的なものであり，『幾何学』において導入された (と言われている) ものとは大きく違っている。平面にあらかじめ座標が設定されているのではなく，与えられた曲線に即した直線を考え，曲線上の点から一定の仕方で描かれた線分とこの線分で上の直線から切り取られた線分を対応させる。一定の仕方が垂線であれば，これらの 2 線分の長さが現在のデカルト座標となるのである。最初の直線を描くが第 2 の線分は特に描かないことから，単軸座標法とも言われる。

微積分の発見者についての争い

「彼はよくも微積分の本を出版できるね！」 ニュートンは友人のファシオ・ド・デュイリエにいらだって言った[1)]。

「不埒なやつがあなたの業績を盗んだのです」 ファシオはそう言ってニュートンをたきつけた。

「その通りだ」

「我々はこれを知らないことにはできません。我々はあなたの微積分のアイデアを知っています。これらがライプニッツのアイデアであるなんて信じてはいけないことです。ライプニッツに明らかにします。彼はきっと本を出版しようとは思わなくなるでしょう」

「彼には気の毒だが，ことは容易には運ばないだろう」 これがこの件についてのニュートンの最後の言葉であった。

1) ファシオ・ド・デュイリエはスイスの数学者でニュートンより 22 歳年下で，彼が 23 歳のときから知っていた。ド・デュイリエの書物は微積分争いを引き起こした。

ゴットフリート・ヴィルヘルム・ライプニッツ (1647—1716)
(切手：ドイツ，1996) 平成 31 年 1 月 31 日　郵模第 2794 号

ヘルマン・ハンケルは言っています。「ほとんどの科学において ある世代は別の世代が建設したものを壊し，別の世代になかったものを確立する。ただ数学においてのみどの世代も古い構造に新しい物語を加えていく」

微積分の分野も例外ではありません。そのルーツは古代ギリシャにあります。そこでは無限を含むアイデアが初めて公式に議論され研究されました。そしてそこにはゼノンがいて運動のパラドックスがあります。その他にレウキッポス，デモクリトス，アリストテレスがいます。ピュタゴラス教団 (学派) とエウドクソスとエウクレイデスは変化率の測定のための重要な道具である比を準備しました。そこにはヒッピアスとディノストラウスも参入します。円の面積を求めるために極限を用いたのはアルキメデスです。それから何世紀にもわたって世界中の数学者達の研究が続いて数学者を微積分の (あるいは微積分に向けた) 発展へと導くアイデアをさらに探求しました。1600 年代にはカヴァリエリが積分法の初期のものを研究しました。さらに時代が下がるとヨーロッパの数学者ピエール・フェルマ，ルネ・デカルト，ジェームズ・グレゴリー，アイザック・

バロー，ジョン・ウォリスがそれに続きました。小さいけれど重要なすべての寄与が，微積分の発展への歩みなのです。

* * *

17 世紀には異なった国の二つの頭脳が，変化，接線，最大・最小，無限小の問題に挑戦し，微積分の場を公式に始めました。ドイツのゴットフリート・ヴィルヘルム・ライプニッツとイギリスのアイザック・ニュートン卿はお互い独立に微積分学を展開しました。同じ数学アイデアが別の人間によって同時に発見されることはときどき起こることです[2)]。誰が何をいつ発見したかということはそれぞれが発見に名前を付け，そして自分の発見の重要性を理解し始めるまでは二人の数学者の間で問題にはなりませんでした。議論は国家的枠組みに沿って進行しました。一方ではイギリスが微積分はニュートンの発明だと主張し，他方ではドイツがそれはライプニッツのものだと主張しました。

ライプニッツが 1684 年に彼の微積分の体系を出版したとき，情勢は加熱しました[3)]。ライプニッツは次のように書いています。「想像はたまに成功することがあるが，私の新しい微積分はある種の解析によって，どんな想像にも頼らずに真理を提供する。ヴィエトとデカルトが我々にアポロニウスを越えるものを与えてくれたように，これはアルキメデスに優るものを我々に与えてくれる」ニュートンは第 1 報を出版する機会を捉えられずにいたことにうろたえました。彼の多くのオリジナルなアイデアは流布していましたが，正式には出版されていませんでした。ニュートンは憤慨しま

2) 例えば双曲幾何学はヤーノシュ・ボヤイとニコライ・ロバチェフスキによって独立に展開された。

3) ライプニッツの本の題名は『最大値最小値を決定する新しい方法 (*Nova methodus pro maximis et minimis*)』であった。

した。友人達と熱烈な支持者達もこの争いに参加してきました。ある者は，1673 年にライプニッツがロンドンを訪れたとき出回っていたニュートンの原稿を読んで，そのアイデアを手に入れる機会があったと主張しました。ライプニッツはいずれかの原稿を見たのでしょうか？　ライプニッツが死ぬ少し前にある手紙の中に，数学の文通相手のジョン・コリンズがニュートンが彼に送ったいくつかの論文を見せてくれたが，これらは彼には価値のないものであった，と書いています。

ニュートンの親友ファシオ・ド・デュイリエは，ライプニッツはニュートンの仕事を盗用したとほのめかしています。ライプニッツはこれらの疑念をきっぱりと否定しました。この敵対関係は何年も続きました。ライプニッツは 1711 年に優先権の主張をイギリスの王立協会に訴えることにしました。ここに至ってもなお，事態はライプニッツが望むような公平には見られませんでした。ライプニッツは自分のために証言することは許されませんでした。ニュートンは数年にわたって背後から議論をたきつけていました。さらに公開には至らなかった利害を巡る論争もありました。ニュートンは王立協会の会長として事情を再調査する委員会を組織し，彼の利益を反映する委員を注意深く選びました。委員会の「公平なるレポート」はニュートンの意を体して書かれました。スキャンダルに続くスキャンダルで，このレポートの著者は公式記録にはありません。というのも，ニュートン自身がレポートをほとんど書いたからです。ニュートンはこれを止めようとしませんでした。このレポートの匿名による要約が《哲学紀要》に掲載されましたが，これもニュートンによって書かれたものでした。このラテン語版は大陸の読者に向けられたもので，《往復書簡》に掲載されました。

ニュートンはライプニッツが死んだ後も恨みをもち続けました。

ニュートンの有名な著書『プリンピキア』[4)]の後の版の中で，彼はライプニッツは何も貢献していないことが確かになるように，ある小節を書き換えました。この変更をしたのはライプニッツが死んでから 12 年後のことでした。

アイザック・ニュートン (1642—1727)

(切手：ポーランド，1959) 平成 31 年 1 月 31 日　郵模第 2794 号

しばらくの間，微積分の研究はばらばらになりました。この二人の研究は統合も洗練もされませんでした。イギリスはニュートン式に忠実でしたし，大陸はライプニッツ式が記号やその他の面でより利点があってライプニッツ式を好みました。分裂は 100 年以上続き，イギリスはこの分野の数学に大陸で起こった進歩から完全に遅れました。

今日の一致した意見は，この両者は互いに独立に，微積分のそれぞれのアイデアを展開したということです。この不幸な微積分の争

4) 『プリンピキア』の正式名は『*Philosophiae naturalis principa mathmatica* (自然哲学の数学的原理)』である。

いの雲が晴れると，二人の微積分の発展への貢献は評価されました。二人の自負心に輝く十分な栄光があります。一番損失を被ったのは微積分でした——協力と議論はその発展を妨げるのではなく高めるのです。

第20話 アインシュタインとマリッチについての真実
すべては相対的である

「ミレヴァ，光は粒子からできているという考えについてどう思う？」 アインシュタインは同級生であり恋人でもあるミレヴァ・マリッチに聞いた。

「可能性はあるわね。光の粒子がもつエネルギーのことは考えたの？」 彼女は熱心に聞いた。

「いや…，けれど，もちろん，エネルギーは放射の振動数と関連しているということで。しかし，どのように？」 アインシュタインは大声で自問した。「何らかの仕方でプランク定数によってだ。そう思わないか？」 アルバートはもう一度ミレヴァの意見を求めた。

「あなたはいつそのことにたどり着いたのかしら。まったくその通りよ。放射はプランク定数と放射の振動数の積に等しくなければならないわ。あなたが思っていることと違う？」 ミレヴァはアルバートに聞いた。

「その通りだ。単純な式なんだ。放射エネルギー ＝ (プランク定数) × (放射の振動数)。美しい！」 アインシュタインは断言した。

ミレヴァはいつもアルバートの頭がどのように働くかについて好奇心をそそられた。彼女は彼について行くことができることが，そしてときどきはアイデアの助けさえできることが幸せだった。後には異なった方向への光の速度を測るマイケルソン–モーリーの実験について，彼の注意を彼女が知っていることに進んで向けさせた。彼女はこれが彼らが議論をしている相対性の関するアイデアの助けになるだろうと言うことを知っていた。彼らがこのやりとりをしたとき部屋の空気は張りつめていた。

「エーテルに関して何をするのか考えた？」　ミレヴァはずっと悩んでいた問題を尋ねた。

「それはまだ調べる必要があることだよ。僕らは既成のアイデアに反するべきではないだろうか？　不確かだけど可能性がある何かがある」とアインシュタインは答えた。「これを徹底的に考えなくてはいけない。しかし，一緒に研究をすると僕はいつでもわくわくするね」

＊　　＊　　＊

このような会話があり得たであろうか。彼らが一緒に過ごした年月の間に取り交わした多くのやりとりの中の一つとしてあったかもしない。ミレヴァ・マリッチはアインシュタインの単なる反響板にすぎなかったのだろうか，それとももっと重要な役割があったのだろうか。彼らは実際に一つのチームだったのだろうか。近年これらの疑問が生じてきた。1896 年アインシュタインと同じ学科に一人の女子学生が入ってきた。当時女性にとって大学に入って学問をすることは容易な道ではなく，彼女には信じられないほどの決定や要望や影響力が必要であった。少数のみが大学に入学を許可され，さらにわずかな者だけが上級の学位を与えられた。科学者達がアインシュタインの初期の革命的なアイデアに懐疑的であれば，それらはある女性によって示されたものかも知れない，とまで考えることはあり得るのではなかろうか？　もし実際にこれらのアイデアがマリッチのものならば，二人はそれらをアインシュタインだけの名前で論文にして投稿したのであろうか？　あるいは連名で投稿することを考えたのであろうか？　これらの疑問への答えは，誰が質問するかによって変わる。どんな仮定が推測を最も裏切るだろうか？　それであっても，もし…。

ミレヴァ・マリッチ

(切手：セルビア，2018) 平成 31 年 1 月 31 日　郵模第 2794 号

20 世紀の知的アイドルであるアインシュタインの生涯は，今日のスーパースター達と同じように徹底的に調べ上げられました。アインシュタインはどのような種類の人間であり，恋人であり，父親であったのでしょうか？　この三つの質問に対する回答は，彼に帰せられる輝かしいアイデアを何ら損なうものではありません。しか

し，今では彼のアイデアの著作者であることさえ，問いを突きつけられるのです——アインシュタインは彼の理論を一人で展開したのか？　——相対性理論の形成に当たって彼の最初の妻の役割は何だったのか？　——マリッチはこの男の陰の頭脳だったのか？　これらの推測は，おそらくすべての人が満足するようには決して解くことはできません。どのような地平に，このような懐疑主義が立ち上がったのでしょうか。1969 年，あるユーゴスラヴィアの出版社 (バグダラ社) はデサンカ・トルブホリッチ=ギュリッチ[1)]による『アルバート・アインシュタインの陰に隠れて』[2)]を出版しました。続くドイツ語版は 1982 年に私家版として出版されました[3)]。この版ではアインシュタインの長男ハンス・アルバート・アインシュタインが死んだ 1986 年まで，彼の銀行の貸金庫の中に保管されていた手紙が収められています。この手紙の中にアルバート・アインシュタインとミレヴァ・マリッチの間で交わされたものがあり，それがアインシュタインの苦労話に幾分か光を当て，かつまた幾分か影をさすことになったのです。

[1)] デサンカ・トルブホヴィッチ=ギュリッチ (Desanka Trbuhovi'c-Gjuric, 1897—1983) はセヴィリアの女性数学者・物理学者・伝記作家。

[2)] 訳注：邦訳は田村雲供・伊藤典子訳『二人のアインシュタイン——ミレヴァの愛と生涯』(工作舎，1995)。

[3)] 訳注：原著ではドイツ語版が「著者名をセンタ・トレーメル=プレッツとして 1988 年に出版されました」とあり，文献にも挙げてあるが著者名がトレーメル=プレッツの上記書名の本は見当たらない。トレーメル=プレッツが編集した 1988 年の版があるのだろうか。トルブホヴィッチ=ギュリッチのドイツ語版で現在出回っているのは 1992 年と 1993 年の版である。トレーメル=プレッツがこの問題を論じているのは次の論文である。Troemel-Ploetz, Senta : Mileva Einstein-Mari ? : The Woman Who Did Einstein's Mathematics. In : Women's Studies International Forum, Volume 13, Issue 5, 1990, pp. 415-432.

マリッチとアインシュタインは高名なスイス工芸学校，すなわちスイス連邦工科大学に 1896 年に入学したとき出会いました[4]。彼女は 21 歳でアインシュタインは 17 歳でした。大学ではノートの貸し借り，アイデアの交換，授業の単位を取るためにお互い助け合うといったことは普通の学生がすることです。双方の家族はこの交際を認めませんでした。マリッチの父はユーゴスラヴィアの官僚で，母は富裕な家の出でした。二人が文通したのは，お互いが離れねばならない時期でした[5]。彼らの手紙[6]は無邪気な簡単なものから始まりました。最初は形式的な手紙でしたが，二人は関係を深め，完全に燃え上がった恋を映しだして行きました。アインシュタインのマリッチへの手紙の方は，彼の研究におけるマリッチの役割を想像させます。手紙はまたこの 7 年間に，二人が知的にも感情的にもいかに変化したかを明らかにしてくれます。愛の言葉に加えてアインシュタインは物理学について，アイデアや計画，実験，質問などコメントをマリッチに書いていますが，一方マリッチの手紙には物理学への言及はほとんどありません。彼の手紙は「僕らの」仕事，「僕らの」理論，「僕らの」研究という言葉を使っています。例えば，1901 年のマリッチへの手紙の中に次のように書いています：「相対

---

[4] マリッチはもともとチューリッヒ大学で医学を学ぶつもりであったが，数学と物理学を専攻することに変更した。

[5] 1896 年から 1903 年に結婚するまで，アルバートとミレヴァの関係は親族との関わり合いから定期的な別れ (学校の休日，夏休み，休暇など) を余儀なくされたが，強くなっていった。

[6] 54 通の手紙が J. レン，R. シュルマン『アルバート・アインシュタイン／マリッチ・ミレヴァ，愛の手紙 (*Albert Einstein/Mileva Maric, the love letters*)』(プリンストン大学出版，1992) (訳注：邦訳は大貫昌子訳『アインシュタイン愛の手紙』岩波書店，1993) に発表されている。ただし，彼らの手紙のすべてが掲載されているのではない。

アインシュタイン

(切手：ギニア，1998) 平成 31 年 1 月 31 日　郵模第 2794 号

運動についての僕らの研究を僕らが一緒に勝ち誇って結論づけるときは，何と幸せで誇らしく思えることか」[7]　別の手紙ではこう言いいます：「僕はあなたが僕と対等の人であり，僕がそうであるように強くそして自由であることが分かってとても幸運です。僕は周りに誰がいようと，あなたがいないと孤独に感じます」[8]　ここにでてくる「僕らの」，「僕らは」は単なる修辞でしょうか。彼の研究を分かち合いたい，彼の恋人も巻き込みたいという愛の言葉に過ぎないのでしょうか。決定的な答えはありません。

---

[7] アブラハム・ペース『アインシュタインはここに生きる (*Einstein Lived here*)』(オックスフォード大学出版，1994)。(訳注：邦訳は『アインシュタインここに生きる』村上陽一郎・板垣良一訳，産業図書，2001。)

[8] 脚注 7) と同文献。

アインシュタインとマリッチは 1900 年に卒業と講師のための評価の最終試験を受けました。マリッチは合格しませんでした。この時点で彼女には二つの選択肢がありました——博士論文を提出するか試験を受け直すことです。アインシュタインは試験に合格し，教師になる資格を得ました。しかし明らかに彼の教授はこのとき彼を大学の職に推薦しませんでした。結果として彼は家庭教師と臨時講師の職をかろうじて見つけることができました。マリッチは次の年に試験を受け再度受けることにしましたが，彼女も困難な立場にいることが分かりました。彼はマリッチと連絡を取り続け，彼女を励まそうとしました。彼は彼女に自分の経験を書こうと思いましたが，次のようなこともつけ加えていました。「僕らの小さい坊やとあなたの学位論文はどうなっていますか」[9]　永続的な職を見つける難しさに不満であったアインシュタインは，次のように書いています：「僕らの将来について次のことを決めました。僕は職を求めるでしょうが，貧しくても $\cdots$。職が見つかればあなたと結婚するつもりです $\cdots$ 僕らの状況は非常に難しいですが，こう決めた以上今は全く確信がもてます」[10]

事情を考慮すれば彼女が 1901 年に再受験した試験に失敗したことは驚くことではありません。一人になる前にユーゴスラヴィアの両親の元に返り，1902 年 1 月に女の子を産んでリーゼルと名付けました。アインシュタインは彼らの娘について前向きに書いていますが，理由は分かっていませんが，彼らはその子供を育てないことにしました。リーゼルに何があったかは分かりませんが，多分子供をマリッチ家の誰かの養子にするか育ててもらうかすることで，彼

---

9) アインシュタインはできた子を「坊や」と呼んで男の子だと決めていた (脚注 7) と同文献による)。

10) 脚注 7) と同文献。

女は諦めたのではないでしょうか。彼の母は徹底的にマリッチを認めませんでしたし，マリッチの両親はアインシュタインを喜んではいませんでした。アインシュタインは 1902 年 6 月にベルンにあるスイス特許庁の技術専門の下級職に就きました。二人の恋人は彼らの心に従い 1903 年 1 月 6 日に民事婚によって結婚しました。二人は 1903 年の夏にベルンのあるアパートに落ち着きました。1905 年にアインシュタインは彼の最も重要な三つの論文を《物理学年報 (*Annalen der Physik*)》に発表しました。第 1 の論文は液体内の分子の分布に関する彼の仮説を扱っています[11]。第 2 の論文では光の本性について説いています[12]。第 3 の論文は特殊相対性理論についてです。これらのアイデアの衝撃がいったん理解され始めると，アインシュタインの名声は大きくなりました。1909 年まで特許庁の仕事を続けましたが，1909 年にチューリッヒ大学の学者としての職を受け入れました。それから彼の経歴は花開きました。マリッチとの関係は緊張したものになり，アインシュタインは結局は離婚を求められ 1914 年に別れました。離婚での取り決め項目には次のものがありました：マリッチは息子達の養育と教育に責任をもつ――アインシュタインは子供を援助する――4 万マルクをスイス銀行に預けその利子はマリッチの出費に充てる。もしアインシュタインがノーベル賞を取れば賞金はマリッチに与える[13]。

彼らの共同研究についてアインシュタインの手紙におけるほの

---

[11] この論文はブラウン運動を扱っている。

[12] 彼はここで約 1 世紀にわたる物理学の伝統に反して，光のエネルギーは量子と呼ばれる単位で運ばれるという理論を提出した。言うまでもなく彼の光の本質についてのアイデアは懐疑的に受取られたが，10 年後にアメリカの物理学者ロバート・アンドリューズ・ミリカンによって実験的に確かめられた。

[13] アインシュタインは 1921 年にノーベル物理学賞を受賞し，与えられた 32,000 ドルはマリッチの手中に収められた。

めかし以外に，マリッチの貢献の証拠は何か見つけられるのでしょうか？　アインシュタイン懐疑派は次のことを強く主張します：マリッチは物理学者のパウル・ハブリヒトと微電流を計測する器械の開発を研究し，それはアインシュタイン=ハブリヒトの名前で特許が与えられた[14)]——二人はアインシュタインの大学への就職の機会を増やすためにマリッチの名前を伏せておくことに同意した[15)]可能性がある——(アインシュタインが投稿したとき《物理学年報》の編集委員の助手をしていた) ロシア人物理学者アブラハム・ヨッフェは 1905 年の 3 編の有名なオリジナル論文にアインシュタイン=マリッチの著名があったのを見たと考えられています。残念ながらヨッフェは亡くなっており，オリジナル原稿はもう存在していません。ヨッフェが遺したものはアインシュタインが死んだすぐ後に発表された短い回想録で，その中に次のように書かれています：「1905 年に《物理学年報》に三つの論文が掲載されました。著者は当時は知られていなかった特許庁の職員アインシュタイン=マリッチでした」[16)]

アインシュタインの名誉を傷付ける十分な証拠があるのでしょうか？　そのことは重要ではないし，ミレヴァ・マリッチ自身は決してアインシュタインを貶めていないことを考えればもっと説得力は少ないと言えます。後年マリッチがアインシュタインを非難したいと思うほどつらいときでさえ[17)]，彼女は決してそうしませんでした。彼女は誰にも信じてもらえないと思ったのでしょうか？　ある

[14)] センタ・トレメール=プレッツ『アインシュタインの影 (*Im Schatten Albert Einstein*)』(ハウプト出版，1988)。

[15)] 脚注 14) と同文献。

[16)] 脚注 7) と同文献。

[17)] 彼女の唯一の不満を言ったのは，施設に入っていた下の息子の面倒を十分見なかったことである。

いはアインシュタインは名声に値する人間であると知っていたからでしょうか？　それもアインシュタイン・ミステリーです。多分アインシュタインはこう言うでしょう。「それは相対的だ！」

カルダーノ vs タルターリア
悪者は誰だったのか？

「あなたが私の招きに応じてミラノに来てくださったことは喜びに堪えません。あなたに会ってあなたの代数学の研究について議論することは切なる願いでした。あなたはまれに見る才能をおもちです」 カルダーノは客をおだてるように言った。

「ここに来られてとてもうれしいです。お手紙ではあなたは，ある種の３次方程式を解く私の技法について議論することを，とても急いでおられるとか」 タルターリアはカルダーノの招待の理由について直接踏み込んでそう言った。

「そうです，友よ。しかし急ぐことはありません。時間はあります」とカルダーノは答えた。

「今このときが一番良いです」 タルターリアはカルダーノの噂を聞いていたので譲らなかった。

「あなたのお望み通り，私はあなたの方法を私に見せていただくように頼んでいました。あなたの発見を私に漏らしていただければ，代数学の発展が容易になります」とカルダーノは指摘した。

「私はそれを出版する予定です。ただそのための時間が

ジロラモ・カルダーノ (1501—1576)
(切手：アルタイ共和国 (ロシア連邦)，2011)
平成 31 年 1 月 31 日　郵模第 2794 号

ありません。あなたは医者をしながら執筆するほどの多くの時間をどこで見つけるのですか？」 タルターリアは尋ねた。

「私はいろいろするのが好きなのです。あなたの発見を分け合うことに，同意される何かがあるはずです。あなたの 3 次方程式の解法の秘密の代償として私に何をお望みですか？」 カルダーノはほとんど懇願していた。「あなたに約束します。いや，それより聖なる福音書にあなたの発見の秘密を守る宣誓をします。そうでないと私はキリスト教信者としての，そして紳士としての価値がなくなります。あなたはこのことを紳士としてご同意願えますか？」とカルダーノは聞いた。

「あなたがそこまで言われるのでしたら，喜んで私の技法をお見せしましょう」とタルターリアは答えた。

カルダーノの説得力のほうが上回っていた。ニッコロ・タルターリアはある種の 3 次方程式の解法について，彼が発展させた研究をジロラモ・カルダーノに話したが，タルターリアの説明は遠回しなものであった。彼の方法をあからさまに言うのではなく，謎の韻文で表した。

Quando che'l cubo son cose apreso
ものの立方がいくつかのものに加えられ
Se agguaglia a qualche numero discreto
それがある量に等しくなるとき
Trovan dui altri, differenti in esso
差がその量になる別の二つを見つけよ
...
...

にもかかわらずカルダーノはタルターリアの技法を習得し，拡張した。6 年後，カルダーノは約束を破り，ある本に発表した。

このスキャンダルの物語はまさにここから始まります。カルダーノは非常に多彩な，そして複雑な人生を送ります。彼の性格を形作る数多くのことが彼に起こります。そのいくつかを挙げましょう：

―― 非嫡出子であったことが妨げとなり，彼が有名になり1539年にミラノの医科大学が医師として受け入れるまで何年間もミラノで開業することになりました[1)]。

——彼はギャンブル狂であったが，そうであっても賭博を科学的に入念に吟味した。彼の『賭博の書 (*Liber de ludo aleae*)』(1663) は確率を扱った最初の書物で，死後に出版されました。

—— 前兆と運勢は彼の決断に影響を与え，迷信はカルダーノの人生に重要な役割を演じました。彼は熱心な占星術師であり，イエス・キリストのための占星術図の作成までして 1570 年に異端の罪で告発されました[2)]。

——特に優れた学生であり医学で学位を得た彼の長男は不幸な結婚をしました。彼はもう手の打ちようがなくなったようで，妻に毒を盛りました。カルダーノは息子が 1560 年に絞首刑になるのを救うことができず，事件は彼にとっては大きな痛手でした。

1542 年頃カルダーノはロドヴィコ・フェッラーリという名前の若者を使用人として雇いました。カルダーノはすぐにフェッラーリは非常に素質があることを悟り，彼の助言者に，そして彼の先生になりました。彼らは一緒に数学をし，一つの授業の間にカルダーノ

[1)] 彼はある著書の中でイタリアの貧弱な医療を明らかにし，民衆からは熱狂的に受け入れられたが，医者達の眉をひそめさせた。1550 年代までには彼は教皇と，羽毛アレルギーで病床にあったスコットランドのセント・アンドリューズ大司教を治療する有名な医者になっていた。

[2)] 多くの有名人が彼の行いについて証言し，教会は彼を牢から釈放した。この事件が完全に終わった後，教皇は彼に年金を認めることまでした。

HIERONYMI CAR
DANI, PRÆSTANTISSIMI MATHE
MATICI, PHILOSOPHI, AC MEDICI,
ARTIS MAGNÆ,
SIVE DE REGVLIS ALGEBRAICIS,
Lib. unus. Qui & totius operis de Arithmetica, quod
OPVS PERFECTVM
inscripsit, est in ordine Decimus.

HAbes in hoc libro, studiose Lector, Regulas Algebraicas (Itali, de la Cossa uocant) nouis adinuentionibus, ac demonstrationibus ab Authore ita locupletatas, ut pro pauculis antea uulgò tritis, iam septuaginta euaserint. Neque solum, ubi unus numerus alteri, aut duo uni, uerum etiam, ubi duo duobus, aut tres uni æquales fuerint, nodum explicant. Hunc aût librum ideo seorsim edere placuit, ut hoc abstrusissimo, & planè inexhausto totius Arithmeticæ thesauro in lucem eruto, & quasi in theatro quodam omnibus ad spectandum exposito, Lectores incitarētur, ut reliquos Operis Perfecti libros, qui per Tomos edentur, tanto auidius amplectantur, ac minore fastidio perdiscant.

カルダーノの著書『偉大なる術，すなわち代数学の規則について』，
普通は『偉大なる術』と略される。

はタルターリアの技法をこの若者に明かしました。二人は一緒に研究し，タルターリアの最初の仕事を拡張して多くの新しい発見をしました。彼らはカルダーノのタルターリアへの約束のためタルターリアの成果を明らかにしないまま彼らの研究を公にすることはできないことを知っていました。タルターリアがボローニャ大学の数学

講師であったスキピオ・デル・フェッロの弟子のフィオールとの数学試合に勝つために 1935 年に彼の技法を使ったことと，フィオールは師のデル・フェッロの死の直前にある種の 3 次方程式の解法を師から教わったことを知ると，文書を調べるとにしました。彼らは 1543 年にボローニャでデル・フェッロの弟子デラ・ナヴェと会い，彼からデル・フェッロがずっと以前に書いた本を見せられました。そこにはデル・フェッロが発見した 3 次方程式の解法が書かれていました。解法がフェッロの論文にある以上，カルダーノはもうタルターリアの宣誓を守る義務はないと思いました。カルダーノは 1545 年に代数学の本『偉大なる術 (*Ars Magna*)』を出版しました。この本の 3 次方程式を扱った章の中で，カルダーノはタルターリアの技法を彼とフェッラーリの発見に沿って明らかにしました。この章の前書きでカルダーノはこの章はある種の 3 次方程式を解くためのタルターリアの技法を含むと書いています。彼はまたこの方法の裏の歴史を記しフェッロとタルターリアの両人に名誉を与え，さらに彼の宣誓の件についても言及しています。さらにこの研究をいかに次の段階に進めたかを説明しています。

ニッコロ・タルターリア (1500—1557)

カルダーノは適切な名誉を与えたのですが，タルターリアはこの書物が出たとき非常に驚いて，カルダーノは泥棒であり，悪漢であり，神聖なる宣誓破りであると訴えました。タルターリアは何年にもわたり攻撃を続けました。フェッラーリはタルターリアの手紙に熱心に応え，彼との公開討論に挑戦してカルダーノの防衛を引き継ぎました。

タルターリアはカルダーノには悪漢というラベルが合うと認めさせ，そして彼の評判を将来にわたり曇らせることができたのでしょうか？

文献

和訳がある場合は原著の旧版の訳であっても掲載した。

Alic, Margaret, *Hypatia's Heritage*, Beacon Press, Boston:1986

Asimov, Isaac, *Asimov's Biographical Encyclopedia of Science & Technology*, Doubleday & Co. Inc., Garden City, NY:1972 (『科学技術人名事典』 皆川義雄訳, 共立出版, 1971)

Ball, W.W., Rouse, *A Short Account of the History of Mathematics*, Dover Publications, Inc., New York:1960

Barrow, John D., *Pi in the Sky*, Clarendon Press, Oxford:1992 (『天空のパイ』, 林大訳, みすず書房, 2003)

Bell, E.T., *Men of Mathematics*, Simon & Schuster, New York: 1965 (『数学をつくった人びと (1,2,3)』 田中勇・銀林浩訳, ハヤカワ文庫, 2003)

Bernal, J.D., *Science in History*, The MIT Press, Cambridge, MA:1985 (『歴史における科学』鎮目恭夫訳, みすず書房, 1966)

Bernstein, Peter L., *Against the Gods*, John Wiley & Sons, New York:1996

Boyer, Carl B., *A History of Mathematics*, Princeton University Press, Princeton, NJ:1985 (『数学の歴史 (新装版, 1~5)』加賀美鐵雄・浦野由有訳, 朝倉書店, 2008)

Clawson, Calvin, *The Mathematical Traveler*, Plenum Press, New York:1994

Danzig, Tobias, *Numbers — The Language of Science*, The Macmillan Co., New York:1930 (『科学の言葉・数』, 河野伊三郎訳, 岩波書店, 1952)

Davis, Philip J. & Reuben Hersh, *The Mathematical Experience*, Houghton Mifflin Company, Boston:1981 (『数学的経験』, 柴垣和三雄・田中裕・清水邦夫訳, 森北出版, 1986)

Dunham, William, *Journey Through Genius*, John Wiley & Sons Inc., New York:1990 (『数学の知性——天才と定理でたどる数学史』中村由子訳, 現代数学社, 1998)

Dunham, William, *The Mathematical Universe*, John Wiley & Sons Inc., New York:1994 (『数学の宇宙——アルファベット順の旅』, 中村由子訳, 現代数学社, 1997)

Eames, Charles and Ray, *A Computer Perspective*, Harvard University Press, Cambridge, MA:1990 (『コンピュータ・パースペクティブ：計算機創造の軌跡』, 和田英一監訳, 山本敦子訳, ちくま学芸文庫, 2011)

Eves, Howard, *In Mathematical Circles*, Prindle, Weber & Schmidt Inc., Boston:1969

Fauvel, John; Raymond Flood, Michael Shortland, and Robin Wilson, editors, *Let Newton Be!*, Oxford University Press, Oxford:1989 (『ニュートン復活』, 平野葉一・鈴木孝典・川尻信夫訳, 現代数学社, 1996)

Goldstein, Thomas, *Dawn of Modern Science*, Houghton Mifflin Co., Boston:1988.

Hall, Tord, *Carl Friedrich Gauss, a biography*, The MIT Press, Cambridge, MA:1970

Heath, Sir Thomas, translator, *Euclid's Elements*, Dover Publications, New York:1956 (『ユークリッド原論』追補版，中村幸四郎・寺阪英孝・伊東俊太郎・池田美恵訳・解説，共立出版，2011)

Hodges, Andrew, *Alan Turing — the enigma*, Simon & Schuster, New York: 1983 (『エニグマ アラン・チューリング伝 (上・下)』，土屋俊・土屋希和子訳，勁草書房，2015)

Hollingdale, Stuart, *Makers of Mathematics*, Penguin Books, London: 1989 (『数学を築いた天才たち (上・下)』，岡部恒治監訳，講談社ブルーバックス，1993)

Hyman, Anthony, *Charles Babbage — Pioneer of the Computer*, Princeton University Press, Princeton, NJ:1982

Jones, Richard Foster, *Ancients and Moderns*, Dover Publications, Inc., New York:1961

Kline, Morris, *Mathematics — A Cultural Approach*, Addison–Wesley Publishing Co., Inc. Reading, MA:1962

Kline, Morris, *Mathematics and the Search for Knowledge*, Oxford University Press, New York:1985

Kline, Morris, *Mathematics in Western Culture*, Oxford University Press, New York:1953 (『数学の文化史』中山茂訳，河出書房新社，2011)

Kline, Morris, *Mathematical Thought from Ancient to Modern Times*, Oxford University Press, New York:1972

Macrone, Michael, *Eureka! — What Archimedes Really Meant*, Harper Collins, New York:1994

McLeish, John, *Number — The history of numbers and how they shape our lives*, Fawcett Columbine, New York:1991

McLeish, John, *The Story of Numbers*, Fawcett Columbine, New York:1994

Newman, James R., *The World of Mathematics*, Simon & Schuster, New York:1956

Osen, Lynn M., *Women in Mathematics*, The MIT Press, Cambridge, MA:1988 (『数学史のなかの女性たち (新装版)』, 吉村証子・牛島道子訳, 法政大学出版局, 2000)

Pais, Abraham, *Einstein Lived here*, Oxford University Press, Oxford:1994 (『アインシュタインここに生きる』村上陽一郎・板垣良一訳, 産業図書, 2001)

Palfeman, Jon and Doron Swade, *The Dream Machine*, BBC Books, London:1991

Pappas, Theoni, *The Joy of Mathematics*, Wide World Publishing/Tetra, San Carlos, CA:1989 (『数学の楽しみ――身のまわりの数学を見つけよう』安原和見訳, ちくま学芸文庫, 2007)

Pappas, Theoni, *More Joy of Mathematics*, Wide World Publishing/Tetra, San Carlos, CA:1991 (『数学は生きている――身近に潜む数学の不思議』秋山仁監訳, 中村義作・松永清子・小舘崇子訳, 東海大学出版会, 2000)

Pappas, Theoni, *The Magic of Mathematics*, Wide World Publishing/Tetra, San Carlos, CA:1994

Perl, Teri, *Women & Numbers*, Wide World Publishing/Terra, San Carlos, CA:1995

Regis, Ed, *Who Got Einstein's Office?*, Addison–Wesley Publishing House, Reading, MA:1994 (『アインシュタインの部屋——天才たちの奇妙な楽園 (上・下)』，大貫昌子訳，工作舎，1990)

Roan, Colin A., *Science — Its History & Development Among the World's Cultures*, Facts on File Publications, NewYork: 1982

Schwinger, Julian, *Einstein Legacy*, Scientific American Books, New York:1986 (『アインシュタインの遺産——時空統一への挑戦』，戸田盛和・米山徹訳，日経サイエンス社，1991)

Singh, Jagjit, *Great Ideas of Modern Mathematics*, Dover Publications, Inc., New York:1959

Smith, David Eugene, *History of Mathematics*, volume 1, Dover Publications, Inc., New York:1951

Smith, David Eugene, *A Source Book in Mathematics*, Dover publications, Inc., New York:1959

Smith, David Eugene, *Mathematics*, Cooper Square Publishers, Inc., New York:1963

Struik, Dirk J., editor., *A Source Book in Mathematics*, 1200–1800, Harvard University Press, Cambridge, MA:1969

Struik, Dirk J., *A Concise History of Mathematics*, Dover Publications, Inc., New York:1967 (『数学の歴史』 岡邦雄・水津彦雄訳，みすず書房，1957)

Swade, Doron, *Charles Babbage and his Calculating Engines*, Science Museum, London:1991

Swetz, Frank J., *From Five Fingers to Infinity*, Open Court, Chicago:1994

Wertheim, Margaret, *Pythagoras' Trousers*, Random House, New York:1995

登場人物プロフィール

アインシュタイン，アルバート Albert Einstein, 1879—1955 [第 5, 20 話]

ドイツ出身の物理学者。スイス特許局，チューリヒ大学，プラハ大学，スイス連邦工科大学，プロイセン科学アカデミーを経てプリンストン高等研究所研究員。1940 年アメリカ国籍を取得。特殊相対性理論，一般相対性理論など理論物理学における多くの業績がある。1921 年光電効果の研究に対しノーベル物理学賞。

アポロニウス，ペルガの Apollonius of Perga, B.C.262 頃—B.C.190 頃 [第 19 話]

古代ギリシャの数学者・天文学者。『円錐曲線論』

アリストテレス Aristoteles, B.C.384—B.C.322 [第 7, 9, 19 話]

古代ギリシャの哲学者。多岐にわたる自然研究を行ない「万学の祖」とも呼ばれる。人間の本性は「知 (ソフィア) を愛する (フィロ)」(＝哲学) と考えた。

アルキメデス，シラクサの Archimedes of Siracusa [第 13, 19 話]

古代ギリシャの数学者・物理学者。求積法，アルキメデスの原理，アルキメデスのスクリュー。

イブン・ハイサム (アルハゼン) Ibn al-Hasan ibn al-Haytham (Alhazen), 965—1039 [第 10 話]

イスラムの数学者・物理学者・医学者・哲学者・音楽学者。光学を研究し『光学の書』を著す。いろいろな曲面における反射点を求めた。

ヴィエト，フランソワ François Viète, 1540—1603 [第 19 話]
フランスの法律家・数学者。「代数学の父」

ヴェルニエ (ヴェロン)，ジャン゠イポリート Jean-Hippolyte Vernier (Véron) [第 6 話]
リセ・ルイ・ル・グランにおけるガロアの数学の先生。

ウォリス，ジョン John Wallis, 1616—1703 [第 19 話]
イギリスの数学者。王立協会フェロー・オックスフォード大学教授。三角法・微分積分法・級数・幾何学。

ヴォルテール (フランソワ゠マリー・アルエ) Voltaire (François-Marie Arouet), 1694—1778 [第 6 話]
フランスの哲学者・文学者・歴史家。啓蒙主義者，百科全書派。『哲学書簡』,『寛容論』,『イレーヌ』などの著書がある。

エウクレイデス (ユークリッド) Eukleides, B.C.3 世紀？ [第 4,19 話]
古代ギリシャの数学者。アレクサンドリアで活躍。『原論 (ストイケア)』の著者。「幾何学の父」と呼ばれる。

エウドクソス Eudoxus, B.C.4 世紀 [第 19 話]
古代ギリシャの数学者・天文学者。円錐の体積は同じ高さの円柱の 3 分の 1 であることを証明。

オイラー，レオンハルト Leonhard Euler, 1707—1783 [第 5, 12 話]
スイス生まれの数学者。サンクトペテルブルグ，ベルリンなどで活躍。60 歳頃失明したが論文を書き続け，数学全般にわたる膨大な業績を残した。

カヴァリエリ，フランチェスコ・ボナヴェントゥーラ Francesco Bonaventura Cavalieri, 1598—1647 [第 19 話]
イタリアの数学者。微分積分学。カヴァリエリの原理。

ガウス，カール・フリードリヒ Carl Friedrich Gauss, 1777—1855 [第 6, 13, 14 話]

ドイツの数学者・天文学者・物理学者。ゲッティンゲン天文台長。研究範囲は広く現代数学，現代物理学の非常に多くの分野に影響を与えた。

カルダーノ，ジロラモ Girolamo Cardano, 1501—1576 [第 21 話]

イタリアの数学者・医者・占星術師・賭博者。パヴィア大学医学教授。腸チフスを発見。磁気現象と電気現象の区別を確立した。

ガロア，エヴァリスト Évariste Galois, 1811—1832 [第 17 話]

フランスの数学者。代数方程式が代数的に解ける条件与える理論を創始，後にガロア理論と呼ばれ現代数学において重要な位置を占め，現在もなおその発展した理論の研究は続いている。

カントール，ゲオルク・フェルディナント・ルドヴィヒ・フィリップ Georg Ferdinand Ludwig Philipp Cantor, 1845—1918 [第 9 話]

ドイツの数学者。ハレ大学教授。(無限) 集合論の創始。超限基数や順序数などを考え出し研究した。彼の理論は素朴集合論に基づいており，パラドックスが現れ，その克服が数学基礎論の発達を促した。

キュリロス，アレクサンドリアの Cyril of Alexandria, 376?—444 [第 8 話]

キリスト教聖職者・教父・アレキサンドリア総主教。4 世紀後半から 5 世紀にかけてのキリスト論論争における主要な指導者の一人。エジプト長官オレステスと対立し，その結果としてヒュパティアの殺害が起きた。

クリスティーナ (スウェーデン女王) Kristina, 1626—1689 [第 18 話]

カトリックとプロテスタントの融和を願う自由主義的な女王で「バロックの女王」と呼ばれる。

グレゴリー，ジェイムズ James Gregory, 1638—1675 [第 19 話]
イギリスの数学者・天文学者。セント・アンドリュース大学教授。反射 (グレゴリー式) 望遠鏡を考案。グレゴリー級数を発見。『円と双曲線の正しい求積』(1667)。

グレゴリー，デイヴィッド David Gregory, 1661—1708 [第 15 話]
スコットランド生まれの数学者・天文学者。エディンバラ大学数学教授，オックスフォード大学天文学教授。ニュートンの『プリンキピア』を擁護。

クロス，アンドリュー Andrew Crosse, 1784—1855 [第 2 話]
イギリスのアマチュア科学者。電気結晶化実験により昆虫が「出現した」との報道によって有名になった。フランケンシュタイン博士のモデルとされている。

クロネッカー，レオポルト Leopold Kronecker, 1823—1891 [第 9 話]
ドイツの数学者。30 歳まで金融の仕事をしその後数学に専念。ベルリン大学教授。方程式論・代数関数論・代数的整数論を研究。

ゲーデル，クルト Kurt Gödel, 1906—1978 [第 5 話]
オーストリア・ハンガリー帝国出身の数学者・論理学者。プリンストン高等研究所教授。完全性定理，不完全性定理，連続体仮説など。

コーシー，オーギュスタン=ルイ Augustin-Louis Cauchy, 1789—1857 [第 17 話]
フランスの数学者。パリ大学教授，エコールポリテクニク教授，コレージュ・ド・フランス教授，パリ科学アカデミー会員。解析学の厳密化，複素関数論，線形代数学，微分方程式などに多くの業績を遺した。

コリンズ，ジョン John Collins, 1625—1683 [第 19 話]
イギリスの数学者。ライプニッツ，ニュートン，ウォリスなどと文通，その手紙が微積分発見の詳細を語る。

サマヴィル，メアリー・フェアファックス Mary Fairfax Somerville, 1780—1872 [第 2 話]
スコットランドの科学ライター。

ジェルマン，マリー＝ソフィー Marie-Sophie Germain, 1776—1831 [第 13, 14 話]
フランスの数学者・物理学者・哲学者。独学で数学を修得し，一流数学者達との文通で研究を進めた。弾性理論の先駆者の一人。フェルマの最終定理の研究など。

シャール，ミシェル Michel Chasles, 1793—1880 [第 7 話]
フランスの幾何学者。エコール・ポリテクニク教授，ソルボンヌ大学教授。

シュヴァリエ，オーギュスト Auguste Chevalier [第 17 話]
ガロアの友人。ガロアが決闘の前夜彼の理論を記した最後の手紙を遺したのは彼宛である。

シュネシオス，キュレネの Synesius of Cyrene, 373—414 [第 8 話]
古代リビアのプトレマイアの司教・哲学者。『教会史』を著す。

スコラスティコス，ソクラテス Sokrates Scholastikos, 380 頃—439 頃 [第 8 話]
名前は法律家ソクラテスの意。コンスタンティノープルのソクラテスとも呼ばれる。

ズットナー，ベルタ・フォン Bertha von Suttner, 1843—1914 [第 16 話]

オーストリアの小説家。急進的な平和主義者。ノーベル平和賞受賞。作品に『武器を捨てよ！』がある。

ソブレロ，アスカニオ Ascanio Sobrero, 1812—1888 [第 16 話]
イタリアの化学者。ニトログリセリンを発明。

タルターリア (ニッコロ・フォンタナ) Tartaglia (Niccoló Fontana), 1499 または 1500—1557 [第 21 話]
イタリアの数学者・工学者・測量士。アルキメデスやエウクレイデスの著作の最初のイタリア語訳。弾道学の祖。1512 年フランス軍がブレシアに侵攻したとき顎と口蓋を切り落とされ普通には話せなくなり,「タルータ一リア (どもり)」と呼ばれるようになった。

チューリング，アラン・マシソン Alan Mathieson Turing, 1913—1954 [第 11 話]
イギリスの数学者・論理学者・暗号解読者・計算機学者。「チューリングマシン」。エニグマ暗号の解読に貢献。「形態発生」の数学モデル。

テアイテトス Theaetetus, B.C.414 頃—B.C.369 [第 4 話]
古代ギリシャの数学者。ソクラテスの弟子。幾何学。プラトンの『対話編』の『テアイテトス』と『ソピステス』に主要人物として登場。

ディケンズ，チャールズ Charles John Huffam Dickens, 1812—1870 [第 2 話]
イギリスの小説家。『クリスマス・キャロル』,『二都物語』など。

テオン，アレキサンドリアの Theon of Alexandria, 335 頃—405 頃 [第 8 話]
アエギュプトゥスの哲学者・数学者・天文学者。ヒュパティアの父。アレキサンドリア図書館の最後の館長。エウクレイデスの

『原論』を編纂。

デカルト，ルネ René Descartes, 1596—1650 [第 10, 18, 19 話]
フランスの数学者，哲学者。合理主義哲学の祖。

デデキント，ユリウス・ヴィルヘルム・リヒャルト Julius Wilhelm Richard Dedekind, 1831—1916 [第 9 話]
ドイツの数学者。ブルンスヴィック工科大学教授。代数的整数論・曲線論・実数論などを研究。実数の有理数の切断による定義。イデアルの導入。

デモクリトス Democritus, B.C.460 頃—B.C.370 頃 [第 19 話]
古代ギリシャのイドニア学派哲学者。数学・天文学・音楽・詩学・倫理学・生物学などにも通じ「ソフィア」と呼ばれた。原子論を唱えた。

デュイリエ，ニコラ・ファシオ・ド Nicolas Fatio de Duillier, 1664—1753 [第 15, 19 話]
スイスの数学者。ニュートンとライプニッツの間の有名な微積分の発見者の座をめぐる争いで，論争に火をつけた人物。

ド・モルガン，オーガスタス Augustus de Morgan, 1806—1871 [第 2 話]
イギリスの数学者。ユニヴァーシティ・カレッジ教授。「ド・モルガンの法則」を発案。

トルブホヴィッチ゠ギュリッチ，デサンカ Desanka Trbuhović-Gjurić, 1897—1983 [第 20 話]
クロアチア生まれの女性数学者・物理学者・伝記作者。

トレーメル゠プレッツ，センタ Senta Trömel-Plötz, 1939— [第 20 話]
ドイツの言語学者。フェミニストの言語学。

ニュートン，アイザック Sir Isaac Newton, 1642—1727 [第 6, 7, 15, 19 話]
イギリスの数学者・物理学者・天文学者・神学者。ケンブリッジ大学教授，王立造幣局長官。万有引力の発見。流率法の創始。プリズムによる光学実験。

ニューマン，マクスウェル・ハーマン・アレクサンダー (マックス) Maxwell Herman Alexander Newman, 1897—1984 [第 11 話]
イギリスの数学者・暗号解読者。組合せ的位相幾何学。マンチェスター大学教授。暗号解読機 Heath Robinson を作製。

ノーベル，アルフレッド Alfred Nobel, 1833—1896 [第 16 話]
スウェーデンの化学者・発明家・実業家。ダイナマイトの発明。

パスカル，ブレーズ Blaise Pascal, 1623—1662 [第 7 話]
フランスの哲学者・数学者・物理学者・神学者。遺稿をまとめた『パンセ』は後世に多大な影響を与えた。機械式計算機を作製。流体の圧力に関する「パスカルの原理」。数学では二項係数に関する「パスカルの三角形」,『円錐曲線論』，確率論への貢献などがある。

バベッジ，チャールズ Charles Babbage, 1791—1871 [第 2 話]
イギリスの数学者・哲学者・計算機科学者。世界最初のプログラミング可能な計算機 (解析機関) を考案した。

ハレー，エドモンド Edmond Halley, 1656—1742 [第 15 話]
イギリスの天文学者・地球物理学者・数学者・気象学者・物理学者。王立協会フェロー・オックスフォード大学教授。ハレー彗星の軌道計算。ニュートンの『プリンピキア』を執筆させ自費で出版。保険数学の開祖の一人でもある。

バロー，アイザック Isaac Barrow, 1630—1677 [第 19 話]
イギリスの数学者・聖職者。ケンブリッジ大学ルーカス教授職。

微分積分学の基本定理の幾何学的証明。

ハンケル，ヘルマン Hermann Hankel, 1839—1873 [第 19 話]
ドイツの数学者。エルランゲン大学教授。ベッセル関数の研究，ハンケル関数，ハンケル変換。

ヒッパソス，メタポンティオンの Hippasus of Metapontum, B.C.500 頃 [第 1 話]
古代ギリシャの数学者。ピュタゴラス教団員。無理数の発見。

ヒッピアス Hippias, B.C.5 世紀 [第 19 話]
古代ギリシャの哲学者・数学者，ソフィースト。法学では自然法を考え出した。数学ではクアドラトリックス (角を等分する曲線) を発見。

ピュタゴラス Pythagoras, B.C.582—B.C.496 [第 1,4 話]
古代ギリシャの数学者・哲学者。学問修業のために 20 年間各地を旅をしたあと，イタリア半島のクロトンにピュタゴラス教団 (学派) を組織。「万物は数なり」。

ヒュパティア Hypatia, 350～370 頃—415 [第 8 話]
ローマ帝国エジプトの数学者・哲学者・天文学者。哲学者テオンの娘。新プラトン主義者。キリスト教徒により異教徒として虐殺された。

フェッラーリ，ルドヴィコ Ludovico Ferrari, 1522—1565 [第 21 話]
イタリアの数学者。カルダーノの弟子。4 次方程式の解。

フェルマ，ピエール・ド Pierre de Fermat, 1607—1665 [第 13, 18 話]
フランスの法律家・数学者。トゥールーズ高等法院評定官のかたわら数学を研究。座標の使用・微積分の前段階の研究・整数論・確率論。特にフェルマの最終定理は有名。

フック，ロバート Robert Hooke, 1635—1703 [第 15 話]

イギリスの自然哲学者・建築家・博物学者。王立協会フェロー。フックの法則，『顕微鏡図譜』，「細胞」の名付親。

プラトン Platon, B.C.427—B.C.347 [第 4, 7, 8 話]

古代ギリシャの哲学者。ソクラテスの弟子。『ソクラテスの弁明』，『国家論』。

フラムスティード，ジョン John Flamsteed, 1646—1719 [第 15 話]

イギリスの天文学者。グリニッチ天文台長

フーリエ，ジャン・バプティスト・ジョゼフ Jean-Baptiste Joseph Fourier, 1768—1830 [第 12, 17 話]

フランスの数学者・物理学者。エジプト遠征後イゼール県知事，ローヌ県知事，セーヌ県統計局勤務などを経て科学アカデミー終身幹事。

ブリュースター，デイヴィッド David Brewster, 1781—1868 [第 6 話]

イギリスの科学者・発明家。物理光学の実験家。ステレオスコープを発明。ニュートンの伝記作家。

ヘシキウス，アレキサンドリアの Hesychius of Alexandria, 4, 5 世紀頃，生没年不詳 [第 8 話]

ギリシャ言語学者。『すべての言葉のアルファベット順コレクション』を編纂。

ベルヌーイ，ジャン (ヨハン・ベルヌリ) Johann Bernoulli, 1667—1746 [第 2, 3 話]

スイスの数学者。バーゼル大学教授。ヤーコプの弟。微積分の確立に寄与した。オイラーの師でもある。

ポアソン，シメオン・ドニ Siméon Denis Poisson, 1781—1840 [第 17 話]

フランスの数学者・地理学者・物理学者。エコール・ポリテクニク教授。積分・フーリエ変換・確率論・力学・電気などを研究。ポアソン積分，ポアソン方程式，ポアソン変換，ポアソン分布などに名前が残る。

ポアンソ，ルイ Louis Poinsot, 1777—1859 [第 4 話]

フランスの数学者・物理学者。幾何学的力学を研究。

ホイストン，ウィリアム William Whiston, 1667—1752 [第 15 話]

イギリスの数学者，神学者，歴史家。ケンブリッジ大学教授。経度法を推進した。

ホール，フィリップ Philip Hall, 1904—1982 [第 11 話]

イギリスの数学者。ケンブリッジ大学教授。群論研究。

ボルツァーノ，ベルナルト Bernard Bolzano, 1781—1848 [第 9 話]

チェコの哲学者・数学者・論理学者。プラハ大学で宗教学の講義を担当していたが，その内容により大学から追放される。ある女性の援助で数学や哲学の研究に専念する。数学では「ボルツァーノ-ワイエルシュトラスの定理」に名を残す。著書に『無限の逆説』など。

マリッチ，ミレヴァ Mileva Marić, 1875—1948 [第 20 話]

セルビア出身でアインシュタインの学友であり最初の妻。

ミッタク゠レフラー，マグヌス・ヨースタ Magnus Gösta Mittag-Leffler, 1846—1927 [第 9, 16 話]

スウェーデンの数学者。ヘルシンキ大学教授。数学解析の分野で多くの論文を書いた。《Acta Mathematica》を創刊・編集。退職後実業界に進出し大恐慌で資産を失う。

メナブレア，ルイジ・フェデリコ Luigi Federico Menabrea, 1809—1896 [第 2 話]
イタリアの数学者・工学者・政治家。トリノ大学教授。首相兼外相。

モルゲンシュテルン，オスカー Oskar Morgenstern, 1902—1977 [第 5 話]
ドイツ生まれアメリカの経済学者。プリンストン大学・ニューヨーク大学教授。フォン・ノイマンと共にゲーム理論を経済学に持込んだ。

モンジュ，ガスパール Gaspard Monge, 1746—1818 [第 12 話]
フランスの数学者・工学者・科学者。メジエール工兵学校教授，物理学校教授，海軍大臣。エコール・ノルマルとエコール・ポリテクニクの創立。エジプト遠征。画法幾何学 (現代の図学の数学) の創始。

ヤコビ，カール・グスタフ・ヤーコプ Carl Gustav Jacob Jacobi, 1804 —1851 [第 17 話]
ドイツの数学者。ケーニヒスベルク大学教授，ベルリン大学教授。整数論・楕円関数論・力学・2 次形式を研究。

ライプニッツ，ゴットフリート・ヴィルヘルム Gottfried Wilhelm Leibniz, 1646—1716 [第 3, 9, 15, 19 話]
ドイツの哲学者・数学者。マインツ選帝侯・ハノーファー公に仕える。微積分の創始・微分方程式・行列式・論理代数など多くの数学を研究したが，それも全業績の中のごく一部に過ぎない。

ラブレス，エイダ・バイロン Ada Byron Lovelace, 1815—1852 [第 2 話]
イギリス貴族。詩人バイロンの娘。バベッジの計算機に関する著作で知られ，最初のプログラマーと言われることもある。

リシャール，ルイ＝ポール＝エミール Louis-Paul-Émile Richard, 1795—1849 [第 17 話]

リセ・ルイ・ル・グランの数学の教師。ガロアの実力を見抜く。

レウキッポス Leucippus, 紀元前 5 世紀前半の人，生没年不詳 [第 19 話]

古代ギリシャの自然哲学者。デモクリトスの師で原子論の創始。

ロック，ジョン John Locke, 1632—1704 [第 15 話]

イギリスの哲学者。経験論的認識論。

ロピタル，ギヨーム・フランソワ・アントワーヌ・ド Guillaume François Antoine de l'Hôspital, 1661—1704 [第 3 話]

フランスの貴族で数学者。最速降下曲線。ヨーロッパで最初の微分積分学のテキストを出版。

ワイエルシュトラス，カール・テオドール・ヴィルヘルム Karl Theodor Wilhelm Weierstrass, 1815—1897 [第 9 話]

ドイツの数学者。高校教師をしながら楕円関数論を研究し 41 歳でベルリン大学教員，49 歳で正教授となる。微積分の基礎，実関数論，複素関数論，幾何学などに多くの業績を残した。

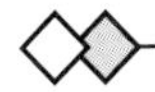

訳者あとがき

全 21 話のうちにはスキャンダルとは言えないものもあります。また，どこが数学と関連があるのだろうかというものもあります。しかし，いずれの話も教科書で数学を学ぶときには出会うことはありません。本書を読まれた読者は是非登場人物に関係のある数学を扱った教科書や数学書あるいは数学史の本を開いてみてください。そして「ああこの定理の，この理論の裏にはこんな数学者がいて，こんなことがあった (かも知れない)」と思いを巡らせてください。きっと，もっと知りたいという気持ちが起こってくるでしょう。

「数学者には変人が多いね」とか，「数学者は変わっているよ」と言われることは珍しいことではありません。しかし私の見るところ，「数学者」が「物理学者」，「作家」，「哲学者」あるいは「芸術家」であっても大差はありません。変人奇人とみられる人間の割合は同じようなものではないでしょうか。思考に集中し，未解決問題に挑み，そして新しいものを生み出そうともがく姿は変人奇人と見られるだけではなく，人間性の欠陥とみられることさえありました。変人奇人は判断する人間の視点が位置する座標の原点の取り方に依存するのです。

変わった人がいるから面白いとは思いませんが，調和がが乱れるところ，対称性がずれるところから物事の本質が見えてきます。無味乾燥に思える数学の裏にそれに関連した人間の人間性が見えてくる。面白いではないですか。

原著の人物を中心とした挿絵には鮮明さを欠くものもあったので

切手に入れ替えてみました。切手にない人物の肖像は日本評論社に探していただきました。お断りとお礼を申し上げます。

2019 年 1 月　訳者

索引

●ア行

●カ行

●ハ行

●マ行

●ヤ行

●ラ行

●ワ行

著者について

数学教師でありコンサルタントのテオニ・パパスは 1966 年にカリフォルニア大学バークレー校から学士号を取得，1967 年にスタンフォード大学から修士号を取得した。数学を分かり易くし，しばしば数学について回るエリート主義と恐れを排除することに関わっている。

その他の著書：

The Joy of Mathematics（『数学の楽しみ——身のまわりの数学を見つけよう』安原和見訳，ちくま学芸文庫，2007）

More Joy of Mathematics（『数学は生きている——身近に潜む数学の不思議』秋山仁監訳，中村義作・松永清子・小舘崇訳，東海大学出版会，2000）

Math Talk

Mathematics Appreciation

Greek Cooking for Everyone

Fractals, Googols and Other Mathematical Tales

The Magic of Mathematics

The Music of Reason

The Adventures of Penrose—the mathematical cat (『ねこでもわかる数学——"ペンローズ" の不思議な冒険』ピーター・フランクル監修，PHP 研究所，2003)

その他の創作：

The Mathematics Calender

The Children's Mathematics Calender

The Mathematics Engagement Calender

The Math-T-Shirt

What Do You See？(錯視スライドショー，テキスト付き)

◎訳者

熊原啓作

くまはら・けいさく

1942 年，兵庫県に生まれる．

1967 年，大阪大学大学院博士課程中退．

現在，鳥取大学名誉教授・放送大学名誉教授・理学博士（大阪大学）．

数学スキャンダル（すうがくすきゃんだる）

2019 年 3 月 25 日　第 1 版第 1 刷発行

著者 ―――― テオニ・パパス

訳者 ―――― 熊原啓作

発行所 ―――― 株式会社　日本評論社
〒 170-8474 東京都豊島区南大塚 3-12-4
電話　(03) 3987-8621 [販売]
　　　(03) 3987-8599 [編集]

印刷所 ―――― 藤原印刷株式会社

製本所 ―――― 株式会社難波製本

装丁 ―――― 林 健造

ISBN 978-4-535-78889-3